Katrin Hecker



# BÄUME

Entdecken,
staunen, wissen!

**MIT 109 ARTEN**

KOSMOS

# Schnell zur richtigen Art mit dem **KOSMOS-FARBCODE**

**MIT DEM KOSMOS-FARBCODE** findest du dich ganz leicht in diesem Naturführer zurecht. Das Erste, was dir an einem Baum oder Strauch auffällt, sind sicher die Blätter. Schau sie genau an und achte auf den Blattrand. Ist er glatt, hat er Zähne, Einbuchtungen oder sieht es aus, als sei das Blatt aus vielen Blättchen zusammengesetzt? Vielleicht stehst du auch vor einem Nadelbaum. Mit der Blattform gelangst du mithilfe des Farbcodes beim Bestimmen einen Schritt weiter.

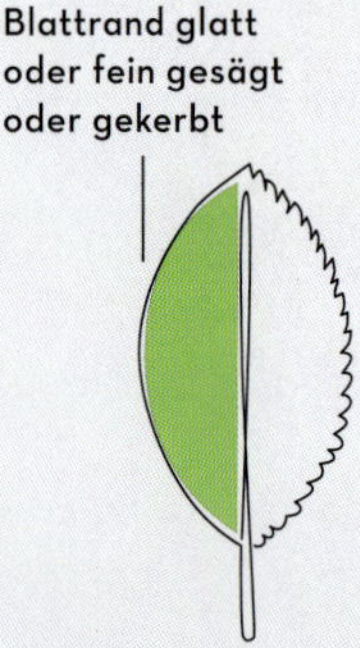


**SEITE 14 BIS 71**

## Blatt einfach

Hier findest du alle Bäume und Sträucher mit einfach geformten Blättern. Der Blattrand kann glatt oder auch gekerbt bis gesägt sein, nicht aber tief eingebuchtet oder gelappt.

**SEITE 72 BIS 93**

## Blatt gelappt oder eingeschnitten

In dieser Gruppe findest du Bäume und Sträucher mit deutlich eingebuchteten Blättern. Der Blattrand kann zusätzlich fein gesägt bis gekerbt sein.

**KURZINFO**
**Der Farbbalken hilft bei der Navigation durch das Buch.**

SEITE 94 BIS 113

## Blatt zusammengesetzt

Mehrere Blätter bilden ein großes Blatt. Das Blatt kann entweder gefingert sein wie bei der Kastanie (alle Blätter entspringen an einem Punkt) oder gefiedert wie beim Holunder (die Einzelblättchen verteilen sich entlang der Mittelachse).

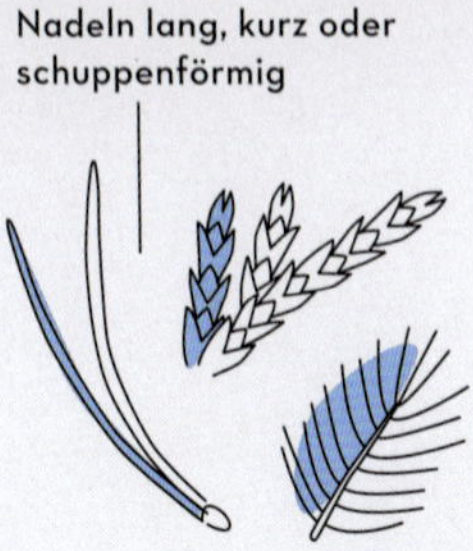


SEITE 114 BIS 129

## Nadeln oder Schuppenblätter

In dieser Gruppe findest du alle Nadelbäume und auch Lebensbäume mit schuppenförmigen Blättern.

# Basiswissen
# BÄUME

**WAS MACHT EIGENTLICH** einen Baum aus? Und was ist dann ein Strauch? Warum haben manche Bäume Blätter, andere Nadeln? Und stimmt es, dass alle Nadelbäume im Winter grün sind? Hier findest du ein bisschen Basiswissen.

**WUCHSFORM**

## Baum, Strauch oder Kraut?

**kräftiger, zentraler Stamm**

Bäume haben einen zentralen Stamm als Hauptachse, darauf »sitzt« die reich verzweigte Krone. Ein Strauch dagegen bildet bereits unten am Boden reichlich Verzweigungen.

→ Die Natur hält sich aber nicht immer an klare Regeln: So gibt es auch mehrstämmige Kleinbäume oder Sträucher, die fast baumartig wachsen. Im Gegensatz zu Bäumen und Sträuchern sind krautige Pflanzen auch im Stängel grün, saftig und elastisch, denn sie »verholzen« nicht.

**mehrere dünne Stämme**

## STABILITÄT

# Die Erfindung von Holz

Jedes Jahr kommt ein neuer Ring dazu.

Holz ist das Skelett der Pflanzen: Wer es hat, kann auch an Land hoch hinaus in Richtung Licht wachsen und dabei weit über 1000 Jahre alt werden. Der Grundbaustein von Holz ist das Makromolekül »Lignin«. Wie ein starres Gitter durchzieht es die Pflanzenzellen und verleiht ihnen enorme Stabilität. Im Querschnitt eines Baumstamms erkennt man anhand der Jahresringe – dem jährlichen Holzzuwachs –, wie lange der Baum gelebt hat.

## DEM WINTER TROTZEN

# Blätter oder Nadeln

Laubbäume verlieren im Winter ihre Blätter.

Die meisten Laubbäume müssen im Herbst ihr Laub abwerfen, denn über ihre Blätter verdunsten sie täglich Wasser – bei Frost würden sie regelrecht verdursten.

Nadelbäume sind auch im Winter grün.

→ Die meisten Nadelbäume können ihre Nadeln auch über Winter behalten, denn Nadeln sind kompakt, besser gegen Kälte geschützt und verlieren nur ganz wenig Wasser. Eine Ausnahme ist die Lärche mit ihren weichen, eher zarten Nadeln: Sie fallen im Herbst ab und erneuern sich im nächsten Frühjahr.

# BUNTE BLÄTTERKUNST

## Drucken leicht gemacht

Wann

**Ganzjährig, am besten im Herbst, wenn die Blätter von den Bäumen fallen**

Wo

**Tisch oder andere Arbeitsfläche mit Bastelunterlage**

Ihr braucht

**Blätter**
**Wasserfarben**
**Pinsel**
**Becher mit Wasser**
**Papier (farbig oder weiß)**
**Nudelholz**

### Anmalen und andrücken

Bestreiche die Unterseite eines Blatts mit einer oder mehreren Farben. Dann legst du das Blatt mit der Unterseite vorsichtig auf einen Bogen Papier. Der kann weiß sein oder auch bunt, je nachdem, was du schöner findest. Fahre mit dem Nudelholz oder den Fingern über dein Blatt, damit die Farbe gut auf dem Papierbogen haftet. Nun hebe dein Blatt an und staune, was auf dem Papier zu sehen ist. Haben sich nur wenige Adern abgezeichnet? Dann versuche es nächstes Mal mit etwas weniger Farbe.

**Blätterdruck** klappt mit Wasserfarbe auf Papier und mit speziellen Farben auch auf Stoff.

# HUSTENHONIG AUS DEM WALD

## Fichtensprossen gegen Erkältungen

### Tut gut!

Fichtennadeln enthalten heilsame ätherische Öle und viel Vitamin C. Eingelegt in Honig wird daraus mit etwas Zeit eine kräftig-würzige Erkältungsmedizin. Du kannst den Fichtenhonig pur teelöffelweise genießen oder in lauwarmen Tee einrühren.

### So geht's

Sammle eine Handvoll junge, hellgrüne Fichtensprossen und vermische sie in einem verschließbaren Glas mit flüssigem Honig. Mindestens für 3 Wochen an einem warmen (nicht sonnigen) Platz ziehen lassen. Dann absieben und in ein sauberes, fest verschließbares Glas füllen.

**Wann**
**Im April und Mai**

**Wo**
**Im Fichtenwald und in der Küche**

**Ihr braucht**
**Eine Handvoll junge Fichtensprossen**
**Flüssiger Honig**
**Schraubglas**
**Sauberes Marmeladenglas**

**Zum Einlegen** der Fichtensprossen eignet sich am besten ein kräftiger, flüssiger Waldhonig. →

# LECKERES VOM BUSCH

## Brate köstliche Blütenpfannkuchen

**Wann**
**Im Mai und Juni**

**Wo**
**In der Hecke oder am Waldrand und in der Küche**

**Ihr braucht**
**10 Holunder-Blütendolden**
**200 g Dinkelmehl**
**400 ml Hafermilch**
**1 EL Zucker**
**2 TL Backpulver**
**½ TL Salz**
**1 EL Sonnenblumenöl**
**Pfanne**
**Bratöl**
**Würstchenzange**

### Blumig-süß

An den Zweigen vom Schwarzen Holunder wachsen im Sommer cremeweiße Blütendolden. Manchmal sind Hecken und Waldränder dann richtig eingehüllt von diesen duftenden Blütenwolken. Aus den Blütendolden werden über den Sommer Dolden mit kugelig-schwarzen Beeren. Daraus kannst du im Herbst einen fruchtigen Punsch kochen. Aber auch die Blüten selbst schmecken fein und stärken deine Abwehrkräfte.

### Teig zubereiten

Pflücke die Blütendolden und schüttle sie sanft, sodass alle kleinen Käferchen noch herauskrabbeln können. Waschen musst du sie nicht. Lege die Blütendolden beiseite und verrühre nacheinander alle weiteren Zutaten zu einem recht flüssigen Teig. Auch jeder andere Pfannkuchenteig ist hierfür geeignet, du musst ihn nur etwas flüssiger machen als sonst.

↑ **Sommerköstlichkeit:** Holunder-Blütendolden in Pfannkuchenteig ausbacken und warm genießen.

**Nach dem Braten den Stiel mit einer Schere abschneiden – er ist nicht so lecker.**

## Ausbacken

Erhitze zusammen mit einem Erwachsenen das Bratöl in der Pfanne. Wenn kleine Bläschen aufsteigen, ist es heiß genug zum Braten. Fasse eine Blütendolde am Stängel, tauche sie in den Teig und lege sie mithilfe einer Würstchenzange behutsam ins heiße Öl. Vorsicht: Heißes Fett kann spritzen! Es dauert nur wenige Minuten, bis die Blütendolden goldbraun und knusprig sind. Mit der Würstchenzange aus der Pfanne nehmen, auf einen Teller legen und mit Puderzucker bestreuen.

**Blütendolden** am dicken Stängel anfassen und in den flüssigen Pfannkuchenteig tunken. ↑

# KLEINE RINDENFÜHLER

## Das Baum-Finde-Spiel

Wann
**Ganzjährig**

Wo
**Im Wald oder Park**

Ihr braucht
**Wetterfeste Kleidung**
**Augenbinde**

Achtung
**Stolpergefahr!**

### Jeder Baum ist anders

Jeder Baum hat eine andere Rinde. Manche sind rau und tief gefurcht, andere glatt und manche mit Moos bewachsen. Die Rinde schützt den Baum vor Verletzungen, zu viel Sonne und Regen. Sie ist sozusagen sein unverwechselbares Gesicht.
In diesem Spiel geht es darum, genau hinzuspüren und dir einen Baum vertraut zu machen: Lasse dich mit verbundenen Augen zu einem Baum führen und ertaste seine Rinde. Du darfst dich auch bücken oder ihn umarmen. Dann lässt du dich wieder wegführen und die Augenbinde abnehmen. Versuche nun, den Baum wiederzufinden. Das ist gar nicht so einfach! War er dick oder dünn? Rau oder glatt? Nass oder trocken? Hatte er tiefe Furchen oder kleine Ritzen?

← **Ist dir mit verbundenen Augen** unheimlich? Dann lass dir von einer vertrauten Person helfen.

# SCHATZSUCHE IN DER HECKE

## Welche Frucht gehört zu wem?

### Blatt-Frucht-Memory

Bäume und Sträucher tragen im Herbst viele, verschiedene Früchte: Manche haben leuchtend rote oder blaue Beeren, andere steinharte, schwere Früchte und manche federleichte, die elegant durch die Luft schweben wie kleine Segelflieger. Aber welche Frucht gehört zu welchem Baum oder Strauch? Für dieses Rätsel pflückt ihr Zweige mit Blättern und Früchten von verschiedenen Sträuchern und Bäumen. Zupft Früchte und Blätter ab und legt sie getrennt voneinander aus. Wer findet jetzt die passenden Pärchen? Und kennt ihr die Namen der Büsche und Bäume, von denen sie stammen? Tipp: Dieses Buch hilft euch sicher weiter.

Wann
**Im Herbst**

Wo
**An Hecken, im Wald oder Park**

Ihr braucht
**Blätter und Früchte**
**Sammelbeutel**
**Bestimmungsbuch**

**Ganz schön knifflig:** Kannst du die Früchte den unterschiedlichen Blättern zuordnen und kennst du ihre Namen? →

# BAUM-FLÜSSIGSEIFE

## Nur aus Kastanien und Wasser

**Wann**
**Im Herbst**

**Wo**
**Tisch oder andere Arbeitsfläche**

**Ihr braucht**
**Kastanien**
**Nussknacker**
**Brettchen**
**Messer**
**Schüssel oder großes Glas**
**Wasser**

**Wichtig**
**Lasse dir beim Durchschneiden der Kastanien von einem Erwachsenen helfen.**

### Reine Naturseife

Unter der braun glänzenden, harten Kastanienschale verbirgt sich ein weicherer, heller Kern. Und darin verstecken Kastanien einen kostbaren Schatz: Seifenstoffe. Mit ihnen schützen sich die großen Früchte vor Fressfeinden, denn wer mag schon in Seife beißen?

### Sind Kastanien essbar?

Für Menschen sind Rosskastanien wegen ihrer Seifenstoffe ungenießbar. Aber manche Wildtiere wie Wildschweine und Hirsche fressen trotzdem gerne Kastanien. Früher fütterte man auch Pferde häufig damit, deshalb nennen wir diese Baumart bis heute „Rosskastanie“.

### So geht's

Um an die Seifenstoffe zu gelangen, musst du zuerst mit einem Nussknacker wie bei einer Nuss die braune Schale

↑ **Natur pur:** So macht Händewaschen garantiert Spaß!

**Kastanienseife macht Hände sauberer und weicher als herkömmliche Seife.**

knacken. Darunter taucht dann der helle Kern auf. Schneide die Kerne mit dem Messer in möglichst kleine Stückchen und gib sie in ein großes Glas oder in eine Schüssel. Nun gießt du warmes Wasser darüber. Rühre kräftig um – wenn du ein Glas mit Deckel benutzt, schüttle es kräftig. Du kannst beobachten, wie sich das Wasser gelblich verfärbt und zu schäumen beginnt. Mit dieser flüssigen Naturseife kannst du deine Hände waschen und auch Wäsche wird damit sauber. Die Seife ist gekühlt bis zu drei Tage lang haltbar.

**Kastanien** lassen sich wie Nüsse mit einem Nussknacker knacken. ↑

# BÄUME MIT EINFACHEN BLÄTTERN schneller bestimmen

**Der Baum oder Strauch, den du gefunden hast, hat ein einfaches, ungeteiltes Blatt.**

↓

**Schau dir den Rand des Blatts genauer an.**

↓

**Ist er ganz glatt oder doch etwas eingekerbt? Blättere weiter zu der Seite, ab der Arten mit entsprechendem Blattrand vorgestellt werden.**

**AB SEITE 15**

## Blattrand glatt

Einfache Blätter können ganz unterschiedliche Formen haben: von schmal-lanzettlich über oval oder rundlich bis hin zu herzförmig.

⟶ Egal, welche Form das Blatt hat: Achte im nächsten Schritt genau auf den Blattrand: Ist er wirklich ganz glatt oder doch fein gekerbt?

**AB SEITE 38**

## Blattrand gekerbt bis gesägt

Manchmal sieht man erst bei näherer Betrachtung, dass der Blattrand fein eingekerbt ist.

⟶ Bei großen Blättern fällt der gekerbte Blattrand sofort ins Auge, kleinere Blätter solltest du immer etwas genauer ansehen.

Typisch: mag nasse Füße →

# Silber-Weide

Salix alba

**Gestalt** Sommergrüner, bis 35 m hoher Baum.
**Blätter** Schmal länglich, zugespitzt, 5–12 cm lang, Unterseite mit silbrigen Härchen (Name).
**Blüten und Früchte** Blüten stehen in 4–7 cm langen Kätzchen, Blütezeit April–Mai. Samen mit watteweichen Flughaaren, Fruchtreife Mai–Juni.
**Standort** Häufig an Flussufern.

**→ TYPISCH Weidenrinde enthält einen hochwirksamen Stoff, der Schmerzen nimmt und Entzündungen abklingen lässt: das Salicyn. Über Tausende von Jahren nutzten Menschen Abkochungen aus der Rinde als leicht verfügbares, gut verträgliches Schmerzmittel. Das Salicyn stand Pate für das synthetisch hergestellte Aspirin.**

Typisch für das Blatt: die verdrehte Spitze →

# Sal-Weide

Salix caprea

**Gestalt** Sommergrüner, bis 15 m hoher, kurzstämmiger Baum oder 4–5 m hoher, vielstämmiger Strauch.
**Blätter** Eiförmig, 3–10 cm lang, Rand kann leicht gewellt oder gezähnt sein, Unterseite graufilzig.
**Blüten und Früchte** Blütezeit März–April (vor dem Blattaustrieb), Kätzchen 2–3 cm lang, vor dem Aufblühen in einen schützenden, weichen Pelz gehüllt. Fruchtreife Mai–Juni, Samen mit langen Flughaaren.
**Standort** Häufig am Wasser, aber auch an trocken-sandigen Standorten.

Wie beim Menschen kann man bei Weiden männliche und weibliche Exemplare voneinander unterscheiden: Männliche Bäume erkennt man an den besonders attraktiven, flauschig-pelzigen Kätzchen – deshalb sind gezüchtete

↑ Weibliche Kätzchen: lang gestreckt, feine Samenwolle

Zier-Weiden auch fast immer männlich. Die Kätzchen weiblicher Weiden sind schmaler und grünlich. Beim Aufblühen strecken sie sich weiter in die Länge und bilden schließlich grüne Kapselfrüchte, aus denen kleine Samen mit watteweichen Flughaaren herausfliegen.

**→ TYPISCH Ihre Blüten wagen sich früh im Jahr heraus und der honigsüße Duft lockt unzählige Bienen und Hummeln an: Hier finden sie nämlich reichlich süßen Nektar und nahrhaften Pollen – eine Rarität im März und April! Auch Schmetterlinge lieben Weidenblüten und v. a. die Blätter: Die Raupen von mehr 30 Schmetterlingsarten futtern sich hier satt.**

Entstehen durch regelmäßigen → Rückschnitt: Kopfweiden

# Korb-Weide

Salix viminalis

---

**Gestalt** Sommergrüner, bis 10 m hoher Baum oder Strauch.
**Blätter** Lanzettlich, 6–17 cm lang, zugespitzt.
**Blüten und Früchte** Blüten in 3–4 cm langen Kätzchen, Blütezeit März–April vor dem Blattaustrieb. Samen grauwollig, Fruchtreife Mai–Juni.
**Standort** An sonnigen Flussufern und Gräben.

→ **TYPISCH** **Aus ihren langen, biegsamen Zweigen werden seit alters Körbe geflochten. Da nur junge Zweige so biegsam sind, »köpfte« man Weiden regelmäßig in 1,5–2 m Höhe. Weiden treiben daraufhin verlässlich neue Zweige aus. Die Schnittstelle verdickt sich, bis schließlich die charakteristischen »Kopfweiden« entstehen.**

Es gibt lila, cremegelb und weiß blühende Sorten

# Flieder

Syringa vulgaris

---

**Gestalt** Sommergrüner, bis 7 m hoher Strauch.
**Blätter** Herzförmig, 8–10 cm lang.
**Blüten und Früchte** Blüten meist lila, in 10–20 cm langen Rispen, stark duftend, Blütezeit April–Mai. Samen braun, bis 1 cm lang, Fruchtreife September–Oktober.
**Standort** Heimat Südosteuropa, in Mitteleuropa häufiges Ziergehölz.

**→ TYPISCH Nicht mit dem Schmetterlings-Flieder (Buddleja, Seite 71) verwechseln: Der echte Flieder blüht im Frühling, hat deutlich größere Blütenrispen und herzförmige Blätter, Schmetterlings-Flieder sind insgesamt viel zierlicher und blühen erst spät im Sommer, deshalb nennt man sie auch »Sommerflieder«.**

Rot: die Blätter der gezüchteten Blut-Buche 'Purpurea' →

# Rot-Buche

*Fagus sylvatica*

---

**Gestalt** Sommergrüner, bis 40 m hoher Baum mit breit gewölbter Krone und dünnen, biegsamen, ausladenden Zweigen.
**Blätter** Eiförmig, 5–10 cm lang, vorn zugespitzt, kurz gestielt.
**Blüten und Früchte** Blütezeit April–Mai, männliche Blüten hängen in lang gestielten Büscheln, weibliche Blüten stehen aufrecht. Bucheckern 1–1,5 cm lang, braun glänzend und dreikantig, Fruchtreife September–Oktober.
**Standort** Bestandsbildender Charakterbaum der meisten mitteleuropäischen Wälder.

Ihr Name sorgt für Verwirrung, denn die Rot-Buche ist nicht rot, jedenfalls nicht von außen betrachtet. Die rote Farbe verbirgt sich vielmehr unter ihrer silbergrauen Rinde: Das

↑ Ihre Nüsse, die Bucheckern, reifen in stacheligen Kapseln

↑ Selbst alte Buchen haben eine glatte, silbergraue Rinde

Holz schimmert nämlich rötlich. Dies wird ganz deutlich, wenn man Möbel aus Buchenholz ölt.
Entstanden aus der Buche unsere Buchstaben und das Buch? Zumindest deuten Indizien darauf hin, dass es so gewesen sein könnte: Unsere Vorfahren, in Mitteleuropa ansässige germanische Stämme, hatten noch kein ausgeprägtes Alphabet. Doch in der Zeit um 150–200 n. Chr. ritzten sie erste Schriftzeichen (Runen) in Buchen oder auch in Buchen-Stäbchen.

**→ TYPISCH Es gibt auch Rot-Buchen mit wirklich roten Blättern: Die aus der Rot-Buche gezüchtete Blut-Buche (*Fagus sylvatica* ‘Purpurea’) wird wegen ihrer tiefroten Blätter gern als Zierbaum in Parks gepflanzt.**

## ❶ Trompetenbaum

Catalpa spec.

**STECKBRIEF** Sommergrüner, 10–15 m hoher Baum • Blätter herzförmig, 10–20 cm lang • Blüten 3–5 cm, weiß mit gelben Streifen und purpurnen Flecken, in 15 cm langen Blütenbüscheln, Blütezeit Juni–Juli • Früchte bohnenförmig, bis 40 cm lang • Heimat Nordamerika, oft gepflanzt, viele Sorten.

## ❷ Tulpen-Magnolie

Magnolia x soulangeana

**STECKBRIEF** Sommergrüner, bis 9 m hoher, kurzstämmiger Baum oder Strauch • Blätter eiförmig-länglich, 10–15 cm lang • Blüten groß, tulpenähnlich, rosa-weiß-lila, Blütezeit April–Mai, erscheinen vor dem Austrieb der Blätter • Als Zierbaum in Gärten und Parks in verschiedenen Sorten.

Schmetterlinge lieben die duftenden Blütenglöckchen →

# Faulbaum

Frangula alnus

**Gestalt** Sommergrüner, bis 7 m hoher Kleinbaum oder Strauch.
**Blätter** Eiförmig, kurz zugespitzt, 3–6 cm lang.
**Blüten und Früchte** Blüten klein, grünlich weiß, glockenförmig, Blütezeit April–August. Früchte erbsengroß, rotschwarz, Fruchtreife Juli–Oktober.
**Standort** In Hecken, Gebüschen und Wäldern.

**→ TYPISCH Die Landbevölkerung schabte früher die Rinde des Faulbaums ab, um daraus Tee zu kochen. Sie stank zwar (daher sein Name), half aber gut als Abführmittel und wohl auch gegen Würmer. Bitte nicht einfach nachmachen: Die Rinde muss lange getrocknet werden, bevor sie nutzbar ist. Frisch sind alle Teile des Baums leicht giftig.**

## ❶ Schneebeere

Symphoricarpos albus

**STECKBRIEF** Sommergrüner, bis 2 m hoher Strauch • Blätter eiförmig (einige auch gelappt), 4–6 cm lang • Blüten rosa, 0,5 cm, in Büscheln, Blütezeit Juni–September • Früchte schneeweiß (Name), kugelig-eiförmig, 1–1,5 cm, Fruchtreife September–Oktober • Heimat Nordamerika, in Europa angepflanzt.

## ❷ Rote Heckenkirsche

Lonicera xylosteum

**STECKBRIEF** Sommergrüner, bis 3 m hoher, breitbuschiger Strauch • Blätter breit eiförmig, 3–6 cm lang • Blüten weißgelb, zweilippig, 1,5 cm lang, Blütezeit Mai–Juni • Beeren 5–7 mm, rot, Fruchtreife August–September • Häufig in lichten Wäldern, Hecken und Gebüschen.

Schwärmen oft wie Kolibris vor den Blüten: Nachtfalter →

# Wald-Geißblatt

Lonicera periclymenum

**Gestalt** Sommergrüner, 3–6 m hoher Kletterstrauch.
**Blätter** Eiförmig, um 5 cm lang.
**Blüten und Früchte** Blüten gelblich weiß, 4–6 cm lang, zweilippig mit langer Röhre, duften intensiv, Blütezeit Mai–Juni. Früchte erbsengroß, glasig rot, giftig, Fruchtreife Juli–September.
**Standort** Häufig in Wäldern, Hecken und Gebüschen.

**→ TYPISCH Als »Jelängerjelieber« ist das verwandte Garten-Geißblatt (Lonicera caprifolium) mit annähernd 200 verschiedenen Sorten eine beliebte Kletterpflanze in Gärten. In seinen lianenförmigen Ranken bauen Vögel gern ihre Nester und die besonders in den Abendstunden intensiv duftenden Blüten locken Nachtfalter an.**

Keine Johannisbeeren – zur Unterscheidung auf die Blätter achten!

# Bittersüßer Nachtschatten

Solanum dulcamara

**Gestalt** Sommergrüner, bis 2,5 m hoher Strauch.
**Blätter** Länglich eiförmig, 4–10 cm lang.
**Blüten und Früchte** Blüten violett mit gelben Staubbeuteln, in rispigen Blütenständen, Blütezeit Juni–September. Früchte erbsengroß, rot, giftig, Fruchtreife August–Oktober.
**Standort** Gebüsche, Gärten und Wälder.

**→ TYPISCH Früher kaute man getrocknete Stängel (sie trugen den Namen »Bittersüßstängel«) gegen Schmerzen. Ihr Geschmack war zunächst bitter, dann süß, daher stammt heute noch der Name des Strauchs. Heute werden die Wirkstoffe der Stängel in standardisierter Dosierung hauptsächlich zur äußeren Anwendung bei juckenden Hautekzemen (Neurodermitis) eingesetzt.**

## 1 Rhododendron

Rhododendron spec.

**STECKBRIEF** Immergrüner, meist klein bleibender Strauch, kann aber auch 8–10 m hoch wachsen • Blätter eiförmig länglich, ledrig, 10–20 cm lang • Blüten groß, meist weiß, rosa oder lila, in dichten Blütenständen, Blütezeit April–Mai • Heimat Ostasien, zahlreiche Gartensorten und Hybriden.

## 2 Zwerg-Mispel

Cotoneaster spec.

**STECKBRIEF** Immergrüner, bis 3 m hoher Zwergstrauch • Blätter länglich, 1–10 cm lang, dunkelgrün glänzend • Blüten klein, unscheinbar, weiß bis rötlich, Blütezeit Mai–Juni • Früchte rot oder gelb, bis 1 cm dick, Fruchtreife September • Heimat Asien, wegen der Früchte als Ziersträucher geschätzt.

Unbeliebt bei Gärtnern/-innen: die Raupe des Buchsbaumzünslers →

# Buchsbaum

Buxus sempervirens

---

**Gestalt** Immergrüner, meist bis 4 m hoher Strauch.
**Blätter** Eiförmig länglich, 1–2 cm lang, ledrig.
**Blüten und Früchte** Blüten klein, unscheinbar, Blütezeit April–Mai. Früchte erbsengroß, graubraun, Fruchtreife September.
**Standort** Heimat im südlichen Europa, weiter nördlich als Zierpflanze in Gärten und Parks.

**→ TYPISCH Der Buchsbaumzünsler ist ein Schmetterling, der ganze Buchsbaumhecken absterben lässt: Er platziert seine Eier an Buchsbaumblättern. Aus ihnen schlüpfen die Raupen, die nur eines fressen: Buchsbaum. Beheimatet ist der Zünsler in Asien, von dort gelangte er mit importierter Baumschulware nach Europa.**

Bei Vögeln beliebt: die schwarzen Beeren →

# Liguster

Ligustrum vulgare

**Gestalt** Halbimmergrüner, 5–7 m hoher Strauch.
**Blätter** Lanzettlich, 3–6 cm lang, ledrig.
**Blüten und Früchte** Blüten dicht an dicht in 6–8 cm langen Rispen, Blütezeit Juni–Juli. Schwarze Beeren, Fruchtreife September–Oktober.
**Standort** Waldränder, lichte Wälder und Gebüsche, häufig als Hecke gepflanzt.

**→ TYPISCH Unser heimischer Liguster ist nicht zu 100% immergrün – wird es ihm zu kalt, wirft er seine Blätter auch komplett ab. Daher pflanzen Gärtner als Hecke vorzugsweise Zuchtsorten wie Ligustrum vulgare ‘Atrovirens’. Sie ist kälteunempfindlicher und garantiert Sichtschutz somit auch in strengeren Wintern.**

Vorsicht: sehr giftige, auf »Kinder-höhe« wachsende Früchte!

# Seidelbast

Daphne mezereum

**Gestalt** Sommergrüner, bis 1 m hoher Strauch.
**Blätter** Länglich eiförmig, 2,5–5 cm lang, kurz gestielt.
**Blüten und Früchte** Blüten violett-rosa, vierzipflig, Blütezeit Februar–April. Früchte erbsengroß, korallenrot, Fruchtreife Juni–August.
**Standort** Vor allem in Buchenwäldern des Berg- und Hügellands.

**TYPISCH Wenn auch klein, so ist der Seidelbast im zeitigen Frühjahr doch eine auffällige Erscheinung in den noch braungrauen Wäldern: Seine lila Blüten leuchten weithin und auch früh fliegende Insekten wie Zitronenfalter, Tagpfauenauge und Hummeln spüren ihn wegen des intensiven Dufts seiner Blüten leicht auf.**

Wachsen als kugelförmige Büsche auf Bäumen →

# Mistel

Viscum album

**Gestalt** Immergrüner, bis 1 m großer, kugeliger Strauch.
**Blätter** Eiförmig, ledrig, 2–8 cm lang.
**Blüten und Früchte** Blüten klein, gelb, Blütezeit April–Mai. Früchte kugelig, weiß, 0,5–1 cm groß, Fruchtreife November–Dezember.
**Standort** Wächst als Halbparasit hauptsächlich auf Laubbäumen.

**→ TYPISCH Dieser Strauch berührt niemals die Erde: Seine klebrigen Samen gelangen mit Vögeln auf Bäume. Hier keimen sie und zapfen dabei die Leitungsbahnen des Baums an. So »stehlen« sie lebenslänglich Mineralsalze und Wasser von ihrem Wirtsbaum. Nordische Urvölker nutzten die Mistel als heilige Zauber- und Medizinpflanze.**

Rotes Herbstlaub mit schwarzblauen Früchten

# Roter Hartriegel

Cornus sanguinea

**Gestalt** Sommergrüner, 4–6 m hoher Strauch.
**Blätter** Breit eiförmig, 4–8 cm lang.
**Blüten und Früchte** Blüten cremeweiß, dicht zusammenstehend in 4–5 cm breiten Büscheln, Blütezeit Mai–Juni. Früchte schwarzblau, 5–8 mm, Fruchtreife September.
**Standort** In Wäldern, Hecken und Gebüschen häufig.

**→ TYPISCH Die Zweige verfärben sich im Winter tiefrot, daher kommt sein Name – Roter Hartriegel. Die Früchte sind nicht giftig, roh aber ungenießbar. Früher verkochte man sie zu Marmelade oder Säften. Vögel fressen die Früchte gern, die Samen werden unbeschadet mit dem Vogelkot ausgeschieden. So verbreiten die Vögel den Hartriegel in der Landschaft.**

Blüten erscheinen vor den Blättern →

# Kornelkirsche

Cornus mas

**Gestalt** Sommergrüner, 3–6 m hoher Strauch oder kleiner Baum.
**Blätter** Eiförmig, zugespitzt, 8–10 cm lang.
**Blüten und Früchte** Blüten klein, gelb, in 2 cm großen Dolden, Blütezeit Februar–April. Früchte oval, 2 cm lang, Fruchtreife August–September.
**Standort** Gebüsche, Hecken und Waldränder.

**→ TYPISCH Wie bei der Forsythie erscheinen die Blüten der heimischen Kornelkirsche schon früh im Jahr und lange vor den Blättern. Im Gegensatz zur Forsythie trägt die Kornelkirsche aber dann im Spätsommer tolle Früchte. Echte Kirschen sind das zwar nicht, sie schmecken eingelegt als Likör aber einfach großartig.**

# Sanddorn

Hippophae rhamnoides

**Gestalt** Sommergrüner, bis 10 m hoher, dorniger Strauch.
**Blätter** Lanzettlich, silbrig weiß, kurz gestielt, 1–6 cm lang.
**Blüten und Früchte** Blüten unscheinbar, Blütezeit März–April vor dem Austrieb der Blätter. Früchte erbsengroß, gelblich orange, Fruchtreife September.
**Standort** Sonnige, sandige Lebensräume.

**TYPISCH Sanddorn-Beeren schmecken sehr sauer, denn sie enthalten hohe Mengen an Vitamin C. Roh sind sie nicht zu empfehlen, eher verkocht zu Marmeladen oder Säften. Nicht alle Sanddorn-Sträucher tragen Früchte: Es gibt rein weibliche und rein männliche Pflanzen, und nur die weiblichen bilden Früchte.**

# Echte Mispel

Mespilus germanica

---

**Gestalt** Sommergrüner, bis 6 m hoher Strauch oder Kleinbaum.
**Blätter** Langoval, 7–13 cm lang, Unterseite graugrün behaart.
**Blüten und Früchte** Blüten weiß, einzeln, 3–4 cm groß, Blütezeit Mai–Juni. Früchte 3–4 cm groß, rau behaart, Fruchtreife Oktober.
**Standort** Heimat Kleinasien und Südosteuropa, in Mitteleuropa kultiviert.

**→ TYPISCH Die Römer brachten die Mispel nach Germanien. Im Mittelalter wurde sie häufig angebaut, heute kennen viele sie nicht mehr. Die Früchte sind erst nach Frosteinwirkung oder längerer Lagerung weich und essbar. Sie lassen sich zu Marmeladen oder Chutneys verarbeiten.**

Große Blüten, weiß oder auch rosa →

# Echte Quitte

*Cydonia oblonga*

**Gestalt** Sommergrüner, bis 6 m hoher Baum oder Strauch.
**Blätter** Eiförmig, 5–10 cm lang, Unterseite filzig.
**Blüten und Früchte** Blüten 4–5 cm groß, Blütezeit Mai. Früchte wie eine Mischung aus Birne und Apfel, wollig behaart, bis 12 cm groß, Fruchtreife September-Oktober.
**Standort** Heimat Kaukasus, in Mitteleuropa kultiviert.

**TYPISCH Quitten sind roh nicht essbar, denn sie sind hart, pelzig und stecken voller Kerne. Davon sollte man sich aber nicht abschrecken lassen, denn geschält und gekocht duften und schmecken Quitten unvergleichlich köstlich! Sie lassen sich gut zu Säften, Gelees, Quittenbrot und Likören verarbeiten.**

Dichtblütige, aufrechte Trauben →

# Lorbeerkirsche

*Prunus laurocerasus*

**Gestalt** Immergrüner, 2–7 m hoher Strauch.
**Blätter** Länglich eiförmig, glänzend dunkelgrün, ledrig, 5–15 cm lang.
**Blüten und Früchte** Blüten weiß, 1 cm groß, in 5–12 cm langen Trauben, Blütezeit April–Juni. Kirschen schwarz, 1 cm groß, giftig, Fruchtreife August–September.
**Standort** Heimat Südosteuropa und Kleinasien, häufig gepflanzt als Hecke.

→ **TYPISCH Die Lorbeerkirsche wurde 1576 als Zierpflanze in Mitteleuropa eingeführt, heute gibt es mehr als 20 verschiedene Sorten, die unterschiedlich winterhart sind. Ihre Schnittverträglichkeit macht sie zu einer beliebten Heckenpflanze, jedoch sind Blätter und Samen giftig.**

Blüten in Büscheln →

# Vogel-Kirsche

Prunus avium

**Gestalt** Sommergrüner, 15–30 m hoher Baum.
**Blätter** Länglich, 5–12 cm lang, Rand gleichmäßig gesägt, Blattstiel bis zu 5 cm lang.
**Blüten und Früchte** Blüten weiß, 2–3 cm groß, lang gestielt in Dolden, Blütezeit April–Mai. Kirschen reif tiefrot bis schwärzlich, bis 1 cm groß, Fruchtreife Juli.
**Standort** Sonnige Waldränder, in Gebüschen und Hecken.

Blühende Vogelkirschen sind im April ein unverwechselbarer Blickfang in der Landschaft: Wenn die meisten Bäume und Sträucher noch kahl sind, öffnet die Vogelkirsche an Waldrändern und in Hecken plötzlich Millionen strahlend weißer Blütenbüschel gleichzeitig. Ein grandioses Naturspektakel, das unzählige Bienen und andere Insekten auf den Plan ruft, denn in den Blüten gibt es viel nahrhaften

↑ Typisch: die Ringelrinde

Pollen zu finden. Die saftigen Kirschen reifen schon im Sommer und werden gern von Vögeln und anderen Wildtieren aufgenommen.

**→ TYPISCH Im Vergleich zu Süßkirschen-Sorten aus dem Supermarkt sind wilde Vogel-Kirschen deutlich kleiner, aromatischer und auch etwas bitterer. Als um 400 v. Chr. in den fruchtbaren Regionen am Schwarzen Meer erste Züchtungen der größeren, saftigen Süßkirschen aus der Vogel-Kirsche gelangen, verbreiteten sich diese Züchtungen schnell über ganz Europa.**

Vögel mögen die schwarzen Mini-Kirschen sehr →

# Traubenkirsche

Prunus padus

---

**Gestalt** Sommergrüner, bis 15 m hoher, Baum, Zweige überhängend.
**Blätter** Oval, 6–10 cm lang, kurz zugespitzt, Rand fein gesägt.
**Blüten und Früchte** Blüten weiß, 1 cm groß, duftend, in hängenden Trauben, Blütezeit Mai–Juni. Früchte erbsengroße, schwarz glänzende Kirschen, Fruchtreife Juli–August.
**Standort** An Gewässerufern im Tiefland.

**→ TYPISCH Nicht verwechseln mit der sehr ähnlichen Späten Traubenkirsche (P. serotina, rechts): Ihre Blätter sind ledrig und dunkelgrün glänzend. Diese Art wurde als Forstbaum aus Nordamerika eingeführt und ist in unseren Wäldern heute nicht mehr gern gesehen, da sie unter unseren Klimabedingungen nur strauchig wächst (nicht als holzliefernder Baum) und sich zudem übermäßig ausbreitet.**

## 1 Späte Traubenkirsche

*Prunus serotina*

**STECKBRIEF** Sommergrüner, bis 20 m hoher Baum oder Strauch • Blätter oval-länglich, ledrig, oberseits glänzend, zugespitzt, 4–12 cm lang, Rand gesägt • Blüten weiß, 1 cm groß, in 6–15 cm langen Trauben, Blütezeit Juni • Früchte erbsengroß, schwarz glänzend, Fruchtreife August–September • In Wäldern.

## 2 Japanische Blütenkirsche

*Prunus serrulata*

**STECKBRIEF** Sommergrüner, bis 12 m hoher, Baum • Blätter eiförmig, zugespitzt, 6–15 cm lang, Rand gesägt • Blüten rosa oder weiß, meist gefüllt, büschelig gehäuft, Blütezeit April–Mai • Bildet keine Kirschen • Aus Asien stammender Zierbaum in Parks und Gärten, wertlos für Bienen und Vögel.

Die Blätter erscheinen erst nach der Blütezeit →

# Schlehe · Schwarzdorn

Prunus spinosa

**Gestalt** Sommergrüner, 1–4 m hoher, stark dorniger, dicht verzweigter Strauch, der reichlich Ausläufer und undurchdringliche Hecken bildet.
**Blätter** Verkehrt eiförmig oder auch oval, 2–5 cm lang mit gesägtem Rand, kurz gestielt.
**Blüten und Früchte** Blüten aus 5 weißen Blütenblättern, 1–1,5 cm groß, Blütezeit März–April, Früchte schwarzblau, kugelig, 1–1,5 cm groß, Fruchtreife September–Dezember.
**Standort** Häufig in Hecken, Gebüschen und an sonnigen Waldrändern.

Noch kein einziges Blatt am Strauch, aber Millionen weißer Blüten – das ist typisch Schlehe im März und April. Dazu noch mehrere Zentimeter lange, nadelspitze Dornen – man kann sie wirklich kaum mit einem anderen Strauch verwech-

↑ Prächtiges Blütenkleid an schwarzem Geäst

seln. Beim ähnlichen Weißdorn (S. 84) ist es nämlich genau andersherum: Er entfaltet zuerst seine grünen Blätter. Im Herbst gelingt die Unterscheidung noch leichter: Nur die Schlehe trägt diese kugeligen, schwarzblauen, mehlig bereiften Mini-Pflaumen.

**→ TYPISCH Schlehenfrüchte sind essbar – nur roh schmecken sie nicht, und ernten sollte man sie am besten erst im November nach den ersten Frösten. Dann sind sie so »überreif«, dass ihre Gerbstoffe nicht mehr ganz so stark zusammenziehend schmecken. Eingelegt in 40%igem Wodka mit Kandiszucker und Zimtstangen wird daraus von selbst in 8 Wochen ein leckerer Likör.**

Die Blüten erscheinen meist gemeinsam mit den Blättern →

# Pflaume · Zwetschge

Prunus domestica

**Gestalt** Sommergrüner, bis 12 m hoher Baum.
**Blätter** Oval länglich, 5–10 cm lang, Rand gesägt, Blattstiel 1,5–2,5 cm.
**Blüten und Früchte** Blüten weiß, um 2 cm groß, in Büscheln, Blütezeit April–Mai. Früchte eiförmig länglich bis kugelig, 3–8 cm lang, Fruchtreife Juli–Oktober.
**Standort** Gepflanzt als Obstbaum.

**→ TYPISCH Der Pflaumenbaum ist eine Kreuzung aus der Schlehe (S. 42) und der in Vorderasien verbreiteten Kirschpflaume (Prunus cerasifera). Von Gelb über Rot bis Blauviolett gibt es Pflaumen in verschiedenen Farben, Formen und Größen. Allen Früchten gemeinsam ist, dass sie weißlich bereift sind.**

Blüten in Büscheln, erscheinen mit den Blättern →

# Kultur-Birne

*Pyrus communis*

**Gestalt** Sommergrüner, bis 20 m hoher Baum mit hochgewölbter Krone.
**Blätter** Eiförmig, 5–9 cm lang, zugespitzt, Rand glatt oder gesägt, Oberseite dunkelgrün glänzend.
**Blüten und Früchte** Blüten weiß bis rosa, um 3 cm groß, in Büscheln, Blütezeit April–Mai. Früchte birnenförmig bis kugelig, 5–16 cm lang, Fruchtreife Juli–Oktober.
**Standort** Gepflanzt als Obstbaum.

→ **TYPISCH Birnbäume, wie wir sie heute kennen, wurden ab dem 15. Jahrhundert aus verschiedenen, dornigen Wild-Birnbäumen gezüchtet, die hauptsächlich in Westasien beheimatet sind. Wilde Birnenfrüchte sind deutlich kleiner und härter als unsere Kultur-Birnen.**

Junge Blätter sind behaart, ältere dunkelgrün und glänzend →

# Kultur-Apfelbaum

Malus domestica

**Gestalt** Sommergrüner, meist bis 10 m hoher Kleinbaum (durch Beschnitt oft kleiner bleibend) mit kugeliger Krone.
**Blätter** Eiförmig, 6–9 cm lang, nach vorn hin spitz zulaufend, Rand gesägt.
**Blüten und Früchte** Blüten aus 5 Blütenblättern, 3–5 cm groß, Blütezeit April–Mai, Äpfel mit viel saftigem Fruchtfleisch rund um das Kerngehäuse, je nach Sorte 5–10 cm dick, Fruchtreife September–Oktober.
**Standort** Häufig gepflanzt in Gärten, Parks und gebietsweise als Straßenbaum.

Schon vor 10 000 Jahren sammelten Menschen wilde Äpfel in ganz Europa und Westasien: Die wilden Apfelbäume waren bis zu 30 m hoch, dornig und ihre Äpfel waren kleiner und weniger saftig als die Äpfel, die wir heute kennen.

↑ Der Wildapfel (Malus sylvestris) trägt nur 2–4 cm kleine, grüne Äpfel

Unser »moderner« Apfelbaum mit saftigen Früchten entstand allmählich durch jahrhundertelange Kreuzung aus mehreren Arten von Wildäpfeln. Er gelangte über die legendäre Seidenstraße von Asien nach Europa. Heute gibt es etwa 20 000 verschiedene Sorten des Kultur-Apfels.

**→ TYPISCH Ohne Bienen keine Äpfel. Warum eigentlich nicht? Um Früchte bilden zu können, brauchen Apfelblüten den Pollen von einem fremden Apfelbaum. Während Bienen Nektar aus Blüten naschen, bleibt immer etwas von dem klebrigen Pollen an ihnen haften und gelangt so zu einer Blüte des nächsten Apfelbaums. Ohne diesen »Service« der Bienen müssten wir die Bestäubung selbst übernehmen.**

Aufrechte Blütenschirme →

# Echte Mehlbeere

*Aria edulis*

**Gestalt** Sommergrüner, bis 15 m hoher Baum mit flach gewölbter Krone.
**Blätter** Eiförmig, 5–10 cm lang, derb, Rand unregelmäßig gesägt.
**Blüten und Früchte** Blüten cremeweiß, um 1,5 cm groß, in schirmförmigen Blütenständen, Blütezeit Mai–Juni. Früchte kugelig bis oval, um 1 cm groß, orangerot, in Dolden, Fruchtreife September–Oktober.
**Standort** Häufig im Bergland.

**→ TYPISCH Seinen Namen verdankt der Baum den zwar essbaren, aber mehligen Früchten. Früher machte man sich die Mühe, die Früchte zu ernten und an Hausschweine zu verfüttern. In Notzeiten verbackte man sie im Brotteig oder verkochte sie zu Fruchtmus.**

1

2

## ❶ Feuerdorn

Pyracantha coccinea

**STECKBRIEF** Immergrüner, 1–3 m hoher, dorniger Strauch • Blätter lanzettlich, 2–4 cm lang, Rand gekerbt • Blüten 0,5–1 cm, weiß, dicht gehäuft, Blütezeit Mai–Juni • Früchte orangegelb, erbsengroß, Fruchtreife September • Heimat Mittelmeerraum. Ziergehölz in Gärten, Parks, gutes Vogelschutz-Gehölz.

## ❷ Kupfer-Felsenbirne

Amelanchier lamarckii

**STECKBRIEF** Sommergrüner, bis 10 m hoher, mehrstämmiger Baum • Blätter oval, 5–10 cm lang, zuerst kupferrot (Name) • Blüten weiß, 2–3 cm groß, in Trauben, Blütezeit März–Mai, Früchte erbsengroß, blauschwarz, Fruchtreife Juni–Juli • Heimat Nordamerika, häufig gepflanzt, auch als Straßenbaum.

## 1 Maulbeerbaum

Morus nigra

**STECKBRIEF** Sommergrüner, bis 15 m hoher Baum • Blätter herzförmig oder zwei- bis dreilappig, 6–12 cm lang, Rand grob gesägt, Oberseite rau • Blüten unscheinbar in bis 2,5 cm langen Kätzchen, Blütezeit Mai–Juni • Früchte schwarz, ähnlich Brombeeren, Fruchtreife August • Heimat Asien, alter Kulturbaum.

## 2 Blauglockenbaum

Paulownia tomentosa

**STECKBRIEF** Sommergrüner, bis 15 m hoher Baum • Blätter herzförmig, bis über 30 cm lang, manchmal dreilappig • Blütenglocken auffällig, lila, 5–7 cm groß, Blütezeit April–Mai • Früchte eiförmig, zweiklappig, 3–4,5 cm lang, Fruchtreife September–Oktober • Heimat Asien, Ziergehölz in Parks, Gärten.

Von Insekten geschätzt: die kleinen, aber nektarreichen Blüten →

# Ess-Kastanie

Castanea sativa

**Gestalt** Sommergrüner, bis 30 m hoher Baum.
**Blätter** Lanzettlich, ledrig, 15–30 cm lang, lang zugespitzt, Rand gekerbt mit Stachelspitzen.
**Blüten und Früchte** Weibliche Blüten unscheinbar, männliche Blüten gelb, in bis zu 15 cm langen, schmalen Kätzchen, Blütezeit Juni–Juli. Früchte 2–3 cm groß, rotbraun, reifen in stacheligen Kapseln, Fruchtreife Oktober.
**Standort** Heimat Südosteuropa und weiter südlich; weiter nördlich kultiviert.

**→ TYPISCH Im Mittelmeerraum sind Maronen seit alters ein wichtiges Nahrungsmittel, nach Mitteleuropa gelangten die Bäume wahrscheinlich vor über 2000 Jahren mit den Römern. Bei uns gedeiht sie bislang nur in wärmebegünstigten Regionen, somit dürfte sie in Mitteleuropa zu den »Gewinnern« des Klimawandels zählen.**

Blätter im »Knitterlook«, dank der eingesenkten Blattadern →

# Hainbuche

Carpinus betulus

**Gestalt** Sommergrüner, bis 15 m hoher Baum.
**Blätter** Oval, zugespitzt, 5–10 cm lang, Rand gesägt.
**Blüten und Früchte** Blütenkätzchen gelb-grün-bräunlich, 4–7 cm lang, Blütezeit Mai–Juni. Kleine Nüsschen mit dreilappigen Flügeln, in bis zu 17 cm langen, hängenden Fruchtständen, Fruchtreife September–Oktober.
**Standort** Wälder und Hecken.

**→ TYPISCH** **»Eisenbaum« wurde die Hainbuche früher genannt, weil ihr Holz extrem hart und fest ist. Deshalb war sie zur Gewinnung von Brennholz begehrt: Dazu »köpfte« man die Hainbuche. Nach 10–20 Jahren waren dann so kräftige Äste nachgewachsen, dass man wieder ernten konnte.**

Blätter vorn abgerundet →

# Schwarz-Erle

Alnus glutinosa

---

**Gestalt** Sommergrüner, bis 30 m hoher Baum.
**Blätter** Breit oval, vorn breiter, 5–9 cm lang, Rand gesägt.
**Blüten und Früchte** Männliche Blütenkätzchen bis 10 cm lang, weibliche Kätzchen um 1 cm, unscheinbar, Blütezeit Februar–April. Samen in 2 cm großen, verholzten Zapfen, Fruchtreife September–Oktober.
**Standort** Feuchte Auwälder und Sümpfe.

**→ TYPISCH Erlen ertragen wie kaum ein anderer Baum dauerhaft »schlammige Füße«. Das gilt auch für ihr geschlagenes Holz: Über 4000 Jahre alte Pfahlbauten am Bodensee wurden aus Erlenholz errichtet und auch Venedig soll zumindest zur Hälfte auf Erlenholz stehen.**

Allergen: der gelbe Blütenstaub aus männlichen Hängekätzchen →

# Hänge-Birke

Betula pendula

**Gestalt** Sommergrüner, 10–25 m hoher Baum mit auffallend weißer Rinde (im Alter mit schwarzen Furchen) und herabhängenden, dünnen Zweigen.
**Blätter** Dreieckig bis rautenförmig mit lang ausgezogener Spitze, Rand regelmäßig doppelt gesägt, 4–7 cm lang, Blattstiel bis zu 2,5 cm lang.
**Blüten und Früchte** Weibliche Blütenkätzchen aufrecht, bis 4 cm lang, männliche Blütenkätzchen hängend, gelb, bis 10 cm lang. Blütezeit April–Mai, Samen rundum geflügelt, Samenreife August–September.
**Standort** Auf sandigen, nährstoffarmen Böden.

Die Hänge-Birke hat eine Schwester, die ihr zum Verwechseln ähnlich sieht – nur bevorzugt diese statt sandig-trockener Böden das genaue Gegenteil, nämlich moorig-sumpfige

↑ Liebt lichte Standorte

Standorte. Daher hat sie auch ihren Namen: Moorbirke (Betula pubescens). Die Blätter beider Birkenarten enthalten viel Vitamin C und Flavonoide. Sie werden deshalb traditionell als Frühjahrs-Teekur genossen, denn sie durchspülen den Körper effektiv.

→ **TYPISCH** **Allergiker freuen sich nicht unbedingt, wenn die Temperaturen im Frühjahr endlich die 15 °C-Marke überschreiten: Denn dann ist es Zeit für die Birke, ihren Blütenstaub freizulassen. Der Wind übernimmt die Verbreitung der federleichten Pollenkörnchen. Bei empfindlichen Menschen löst der feine Blütenstaub Niesattacken und tränende, juckende Augen aus.**

Männliche Blütenkätzchen → mit viel gelbem Pollen

# Gewöhnliche Hasel

*Corylus avellana*

**Gestalt** Sommergrüner, bis 6 m hoher, mehrstämmiger Strauch.
**Blätter** Verkehrt eiförmig bis rundlich, 5–10 cm lang, plötzlich zugespitzt, Rand gesägt.
**Blüten und Früchte** Weibliche Blüten klein, unscheinbar, männliche Hängekätzchen gelb, 8–10 cm lang, Blütezeit Februar–April. Haselnüsse reif braun, rundlich bis länglich, um 1,5 cm groß, Fruchtreife August–September.
**Standort** Häufig in Hecken, Gebüschen und an Waldrändern.

**TYPISCH Haselnüsse aus unseren Hecken sind deutlich kleiner als die aus dem Supermarkt: Diese stammen meist von der Lambertshasel (Corylus maxima) aus der türkischen Schwarzmeer-Region.**

## ❶ Baum-Hasel

Corylus colurna

**STECKBRIEF** Sommergrüner, bis 20 m hoher Baum • Blätter breit eiförmig, 5–15 cm lang, Rand gesägt • Männliche Blütenkätzchen bis 12 cm lang, Blütezeit Februar–März • Nüsse bis 2 cm lang, sehr dicke Schale, Fruchtreife September • Heimat Südosteuropa bis Asien, häufig als Straßenbaum gepflanzt.

## ❷ Zaubernuss

Hamamelis x intermedia

**STECKBRIEF** Sommergrüner, 3–5 m hoher Strauch • Blätter verkehrt eiförmig, 10–15 cm lang, an der Basis schief • Blüten fadenförmig, gelb-orange-rot, in Büscheln, um 2 cm groß, Blütezeit Januar–März • Eiförmige Kapselfrüchte, Fruchtreife Oktober–November • Heimat Nordamerika und Asien, Zierbaum.

Blätter unsymmetrisch, Öhrchen der größeren Blatthälfte verdecken den Blattstiel →

# Berg-Ulme

Ulmus glabra

---

**Gestalt** Sommergrüner, bis 40 m hoher, ausladender Baum, im Alter mit längsrissiger Rinde.
**Blätter** Auffallend groß, elliptisch, mit 2 verschieden großen Blatthälften, abrupt in eine Spitze auslaufend, oft noch mit 1–2 Nebenspitzen, 8–20 cm lang, Rand gesägt, sehr raue Oberseite.
**Blüten und Früchte** Blüten rotviolett, in kurzen Büscheln, Blütezeit Februar–April. Nüsschen klein, ringsum geflügelt, Fruchtreife bereits Mai–Juni.
**Standort** Braucht nährstoffreiche, feuchte Lehmböden.

Ulmen spielen eine herausragende Rolle in der nordischen Mythologie: So sollen die Götterbrüder Odin, Vili und Ve einem an Land gespülten Stück Ulmenholz (»Embla«) Leben, einen eigenen Willen, Verstand und Antrieb eingehaucht

↑ Blüht früh im Jahr, noch bevor die Blätter sich entfalten

haben – so entstand die erste Menschenfrau. Mit einem Stück Eschenholz (»Ask«) machten sie es ebenso und es wurde zum ersten menschlichen Mann. Alle menschlichen Wesen stammten fortan von Embla und Ask ab.

→ **TYPISCH Ulmen haben es in den letzten Jahrzehnten zu trauriger Berühmtheit gebracht: Ein Pilz, übertragen vom Ulmensplintkäfer (einem Borkenkäfer), hat Millionen alter Ulmenbäume europaweit zum Absterben gebracht: Der Pilz dringt ins Wasserleitsystem der Ulmen ein und verstopft diese. Befallene Ulmen verdursten daraufhin meist innerhalb eines Jahres.**

In der Mitte häutiger Flügel: → die Nüsschen

# Feld-Ulme

Ulmus minor

---

**Gestalt** Sommergrüner, bis 40 m hoher Baum.
**Blätter** Oval länglich, sehr variabel, 5–12 cm lang, zugespitzt, Rand gesägt, am Grund unsymmetrisch.
**Blüten und Früchte** Blüten klein, unscheinbar, Blütezeit März–April. Nüsschen rundlich, geflügelt, 1,5–2 cm lang, Fruchtreife Mai–Juni.
**Standort** Wälder, Hecken und Gebüsche.

**→ TYPISCH Feld-Ulmen können 600 Jahre alt werden, aktuell sind sie jedoch vom Ulmensterben betroffen (s. Berg-Ulme, S. 58). Ihr typischer Lebensraum ist die sogenannte »Hartholz-Aue« im Überschwemmungsbereich von Flüssen. Sie kommen aber auch in sandigen Eichenwäldern des Hügellands vor.**

Unverkennbar Ulme: die unsymmetrische Blattbasis

# Flatter-Ulme

Ulmus laevis

---

**Gestalt** Sommergrüner, bis 35 m hoher Baum.
**Blätter** Eiförmig, 10–12 cm lang, derb, Rand gesägt.
**Blüten und Früchte** Blüten in gestielten Büscheln, unscheinbar, Blütezeit März–April. Nüsschen mit häutigem Flügel, 1,5–4 cm groß, Fruchtreife Mai–Juni.
**Standort** An Flüssen und in feuchten Mischwäldern.

**→ TYPISCH Brettwurzeln kommen da vor, wo Bäume zusätzliche Standfestigkeit benötigen: Baumriesen in den flachgründigen Böden tropischer Regenwälder brauchen sie, aber auch unsere Flatter-Ulme, die in flussnahen Überschwemmungsflächen keine tief reichenden Wurzeln ausbilden kann.**

Herzförmige Blätter →

# Sommer-Linde

Tilia platyphyllos

**Gestalt** Sommergrüner, bis 40 m hoher Baum mit tief angesetzter Krone, wird bis zu 1000 Jahre alt.
**Blätter** Herzförmig, 7–15 cm lang, abrupt zugespitzt, Rand gesägt, Unterseite mit weißlichen Bärten in den Verzweigungen der Blattadern, Blattstiel behaart, 1,5–5 cm lang.
**Blüten und Früchte** Blüten zu 2–5 unter einem bleichen Tragblatt, Blütezeit Juni. Früchte kugelig, Fruchtreife September.
**Standort** Häufig gepflanzt in Alleen und Parks, in freier Natur an Berghängen.

Neben der Sommer-Linde kommt bei uns noch die sehr ähnliche Winter-Linde (Tilia cordata) mit etwas kleineren Blättern vor. Die beiden Arten bilden aber auch Hybride, diese werden »Holländische Linde« (Tilia x europaea) genannt. Letztere wird heute viel als Straßenbaum gepflanzt, da sie

↑ Früchte mit bräunlichem Tragblatt



recht robust ist. Die Silber-Linde (Tilia tomentosa) hat silbrige Blattunterseiten. Alle Linden sind mit ihren unzähligen, nektarreichen Blüten sehr wertvolle Bienenpflanzen.

→ **TYPISCH** **Die Linde ist einer unserer wichtigsten Kulturbäume: Imposante Linden finden sich auf Dorfplätzen, in Parks und Alleen, seltener dagegen in freier Natur. Im Schatten der Dorflinde traf man sich noch im Mittelalter zur Gerichtsversammlung (Thing), hier sollte »judicium sub tilia« gesprochen werden: Gerechtigkeit unter der Linde.**

# Zitter-Pappel · Espe

*Populus tremula*

**Gestalt** Sommergrüner, bis 30 m hoher Baum mit hell silbergrauer Rinde.
**Blätter** Rundlich, 3–8 cm lang, vorn zugespitzt oder rund, Rand eingebuchtet, Stiel 3–7 cm lang, Unterseite heller bläulich grün.
**Blüten und Früchte** Männliche und weibliche Blüten in hängenden Kätzchen, 5–10 cm lang. Blütezeit März–April, Samen mit watteähnlichen Flughaaren, Fruchtreife Mai.
**Standort** Gern in der Nähe von Gewässern, kommt aber auch mit trockenen Standorten an Waldrändern zurecht.

»Zittern wie Espenlaub« – dieser Ausdruck kommt von den Blättern der Zitter-Pappel, auch »Espe« genannt. Ihre auffallend langen, dünnen und seitlich abgeflachten Blattstiele sorgen dafür, dass sich jedes Blatt schon beim kleinsten

↑ In den Knospen: heilsames Pappelharz

↑ Wird wegen ihrer hellgrauen Rinde oft mit Birken (S. 54) verwechselt

Windhauch in Bewegung setzt – die ganze Baumkrone scheint förmlich zu zittern. Aus den Wurzeln der Zitter-Pappel können immer wieder neue Stämme wachsen und schließlich einen ganzen Wald bilden.

**→ TYPISCH Das Knospenharz enthält annähernd 50 verschiedene ätherische Öle und einen aspirinähnlichen Wirkstoff. Das wussten Menschen schon vor 2000 Jahren und sie verarbeiteten die Knospen zu Wundsalben. Auch Bienen wissen es: Sie sammeln das klebrige Harz und machen daraus Propolis (»Kittwachs«). Mit dieser Substanz schützen sie ihre Waben vor Pilzen und Bakterien.**

Lange Blattstiele, rauten-förmige Blätter →

# Schwarz-Pappel

Populus nigra

**Gestalt** Sommergrüner, bis 30 m hoher Baum.
**Blätter** Dreieckig bis rautenförmig, 5–12 cm lang, zugespitzt, Rand gesägt, Blattstiel 2–6 cm lang.
**Blüten und Früchte** Blüten in Hängekätzchen, bis 10 cm lang, Blütezeit März–April Kapselfrüchte 0,5–1 cm groß, darin Samen mit watteweichen Flughaaren, Fruchtreife Mai–Juni.
**Standort** Charakterbaum an Flüssen; kann bis zu 300 Jahre alt werden.

**→ TYPISCH Einst der typische Baum der Flussauen, steht die imposante Schwarz-Pappel heute auf der Roten Liste der bedrohten Pflanzen. Natürliche Flussauen sind selten geworden und außerdem werden heute bevorzugt nichtheimische Pappeln angepflanzt.**

2,5 cm lange, harzig-klebrige, balsamisch duftende Knospen →

# Balsam-Pappel

Populus balsamifera

**Gestalt** Sommergrüner, bis 35 m hoher Baum.
**Blätter** Lang gestreckt rauten- bis eiförmig, sehr variabel, 5–12 cm lang, Blattstiel 3–5 cm lang.
**Blüten und Früchte** Blütenkätzchen bis 10 cm lang, Blütezeit März–April. Reife Kätzchen mit watteweichen Flughaaren an den Samen, Fruchtreife Mai.
**Standort** Heimat Nordamerika bis Alaska, bei uns gepflanzt und verwildert.

**→ TYPISCH In ihrer Heimat fertigten indigene Völker aus den harzig-klebrigen Knospen – erhitzt in Fett – heilsame Harzsalben. Diese wirkten sowohl wundheilend als auch befreiend bei Erkältungen. In Wasser oder Öl erhitzte Knospen dienten auch zum Inhalieren.**

Unangenehm riechende Blüten →

# Wolliger Schneeball

Viburnum lantana

**Gestalt** Sommergrüner, bis 4 m hoher, breit wachsender Strauch.
**Blätter** Eiförmig, 5–12 cm lang, Oberseite runzelig, Unterseite pelzig, Rand fein gezähnt.
**Blüten und Früchte** Blütenschirme 5–7 cm groß, bestehen aus kleinen, cremeweißen Blüten, Blütezeit Mai–Juni. Früchte erbsengroß, reif schwarz glänzend, giftig, Fruchtreife August–September.
**Standort** Gebüsche und Wegränder.

→ **TYPISCH** **Die Früchte des Schneeballs werden als »Wintersteher« bezeichnet, das heißt, sie hängen auch im Winter oft noch am kahlen Strauch. Der Strauch wird gern zur Bepflanzung von Böschungen genutzt und gilt als Vogelschutzgehölz.**

Eher unscheinbar: das Pfaffenhütchen zur Blütezeit im Mai →

# Pfaffenhütchen

Euonymus europaeus

**Gestalt** Sommergrüner, bis 6 m hoher Strauch mit vierkantigen Zweigen.
**Blätter** Lanzettlich, 5–8 cm lang, zugespitzt, kurz gestielt, Rand fein gesägt.
**Blüten und Früchte** Blüten unscheinbar grünlich gelb, um 1 cm groß, Blütezeit Mai. Früchte pink und orange, 1–1,5 cm groß, Fruchtreife August–Oktober.
**Standort** Häufig in Hecken, Gebüschen und an Waldrändern.

→ **TYPISCH** **Ist die pinkfarbene Fruchtkapsel reif, klappt sie auf und zum Vorschein kommen die knallig orangefarbenen Früchte. In ihnen stecken die weißen Samen. Alles am Pfaffenhütchen, insbesondere aber seine Früchte und Samen, sind für Menschen sehr giftig!**

## ❶ Echter Kreuzdorn

Rhamnus cathartica

**STECKBRIEF** Sommergrüner, bis 3m hoher, dorniger Strauch • Blätter eiförmig, kurz zugespitzt, 3–7 cm lang, Rand gezähnt • Blüten gelbgrün, unscheinbar, Blütezeit Mai–Juni • Früchte erbsengroß, dunkellila-schwarz, Fruchtreife September–Oktober • Oft in Gebüschen und an Waldrändern.

## ❷ Berberitze · Sauerdorn

Berberis vulgaris

**STECKBRIEF** Sommergrüner, bis 3m hoher, dorniger Strauch • Blätter länglich, 2–5 cm lang, büschelig gehäuft, Blattrand gezähnt • Blüten gelb, duftend, in 2 cm langen Trauben, Blütezeit April–Juni • Früchte länglich, rot, um 1 cm lang, Fruchtreife August–September • In Gebüschen, Hecken, Waldrändern.

## 3 Forsythie

Forsythia x intermedia

**STECKBRIEF** Sommergrüner, 2–3 m hoher Strauch • Blätter eiförmig länglich, 8–12 cm lang, Rand gesägt • Blüten je nach Sorte 3,5–6 cm groß, dottergelb, Blütezeit März–Mai, vor dem Blattaustrieb • Braune Kapselfrüchte, um 1 cm lang, Fruchtreife September • Häufig in Gärten angepflanzt.

## 4 Sommer-Flieder

Buddleja davidii

**STECKBRIEF** Sommergrüner, meist bis 3 m hoher Strauch • Blätter eiförmig länglich, 10–25 cm lang, zugespitzt, Rand schwach gezähnt • Blüten in 10–30 cm langen, duftenden Rispen, lila, rosa oder weiß, Blütezeit Juni–September • Kapselfrüchte 1 cm groß, Fruchtreife Oktober • Heimat Asien, oft angepflanzt.

# BÄUME MIT GELAPPTEN BLÄTTERN
## schneller bestimmen

**Der Baum oder Strauch hat ein gelapptes oder tief eingeschnittenes Blatt.**

**Achte nun auf die Proportionen des Blatts (ohne Stiel): Ist es deutlich länger als breit oder umgekehrt?**

**Blättere dann direkt weiter zu der Seite, ab der die Arten mit den entsprechenden Blättern vorgestellt werden.**

**AB SEITE 73**

### Blatt länger als breit

In dieser Gruppe findest du Bäume und Sträucher mit lang gestreckten, gelappten Blättern, wie sie in unseren Breiten typisch für verschiedene Eichen-Arten sind.
⟶ Bei der heimischen Stechpalme (S. 76) sind die Blattlappen zusätzlich mit einer Stachelspitze versehen.

**AB SEITE 77**

### Blatt breiter als lang

Breite Blätter mit mehr oder weniger tiefen Lappen oder Einschnitten sind typisch für verschiedene Ahorn-Arten und für Platanen.
⟶ Aber auch Sträucher wie Johannisbeere, Weinrebe oder Weißdorn haben eingeschnittene oder gelappte Blätter.

1

2

## ❶ Trauben-Eiche

*Quercus petraea*

---

**STECKBRIEF** Sommergrüner, bis 40 m hoher Baum • Blätter 6–17 cm lang, gleichmäßig gelappt • Weibliche Blüten unscheinbar, männliche Hängekätzchen bis 8 cm, Blütezeit April–Mai • Eicheln gehäuft in Trauben (Name), Fruchtreife September–Oktober • Meist im Hügel- und Bergland.

## ❷ Rot-Eiche

*Quercus rubra*

---

**STECKBRIEF** Sommergrüner, bis 40 m hoher Baum • Blätter 10–22 cm lang, zugespitzt gelappt • Weibliche Blüten unscheinbar, männliche Hängekätzchen gelblich grün, Blütezeit Mai • Eicheln 2 cm groß, breit eiförmig, Fruchtreife September–Oktober • Heimat Nordamerika, oft angepflanzt.

An sehr langen Stielen: → die Eicheln

# Stiel-Eiche

Quercus robur

---

**Gestalt** Sommergrüner, bis 45 m hoher Baum mit ausladender Baumkrone, im Alter von imposanter Gestalt mit tief gefurchter Rinde.
**Blätter** Länglich, mit breiten, rundlichen Lappen am Rand, 5–15 cm lang, Stiel kurz, 4–8 mm lang.
**Blüten und Früchte** Weibliche Blüten klein, rot, auf bis zu 6 cm langen, aufrechten Stielen, männliche Blüten in gelben, 3–5 cm langen Hängekätzchen. Blütezeit April–Mai. Eicheln eiförmig mit »Hütchen«, 1–3,5 cm lang, an 5–12 cm langen Stielen (Name), Fruchtreife September–Oktober.
**Standort** Anspruchslos, gedeiht in vielen unterschiedlichen Lebensräumen.

Eichenwälder hatten von der Jungsteinzeit bis ins Mittelalter eine wichtige Funktion als sogenannte »Hutewälder«:

↑ Typisch: die knorrige Baumkrone

---

In diese Wälder trieb man Schweine, Kühe und Rinder zur Eichelmast. Durch den Verbiss des Unterwuchses ähnelten diese Hutewälder nach und nach eher einem Park. Einzeln stehende Eichen hatten viel Platz für ihre Kronen und konnten zu majestätischen Wesen heranwachsen.

**→ TYPISCH 1000 Jahre und mehr kann eine Eiche leben. Das ist beeindruckend, und deshalb sollte man wenigstens einmal die Aura einer altehrwürdigen Eiche bewusst wahrnehmen. Aus dem Geist einer Eiche soll sogar der antike Gottvater Zeus entsprungen sein, und wer in den heiligen Eichenhainen der Kelten wagte, Hand an eine Eiche zu legen, wurde mit dem Tod bestraft.**

Dicht gedrängt an den Zweigen: die Blüten

# Stechpalme

Ilex aquifolium

**Gestalt** Immergrüner, 10–15 m hoher Strauch oder Kleinbaum.
**Blätter** Variabel, oval länglich, 5–9 cm lang, ledrig, Oberseite glänzend dunkelgrün, Rand gewellt bis gelappt mit Stacheln.
**Blüten und Früchte** Blüten weiß, um 8 mm groß, gehäuft in den Achseln der Blätter, Blütezeit Mai–Juni. Früchte erbsengroß, rot, Fruchtreife Oktober.
**Standort** Als Unterwuchs in Wäldern und gepflanzt als Zierstrauch.

**→ TYPISCH Allein in Ermangelung echter Palmen in Mitteleuropa kam die Stechpalme zu ihrem Namen: Am christlichen »Palmsonntag« wird mit der Palmweihe jährlich dem Einzug Jesu nach Jerusalem gedacht.**

Blüht vor der Laubentfaltung →

# Spitz-Ahorn

Acer platanoides

**Gestalt** Sommergrüner, bis 30 m hoher Baum.
**Blätter** Meist fünflappig, lang zugespitzt, etwa 15 cm lang und 20 cm breit, lange Blattstiele, im Herbst auffallend goldgelb.
**Blüten und Früchte** Blüten gelbgrün, um 1 cm groß, in 4–8 cm langen Büscheln, Blütezeit April–Mai. Die Früchte sind 4–5 cm lange Flugnüsschen, sie stehen im Winkel von 180° zueinander, Fruchtreife Oktober.
**Standort** Laubmischwälder, Hecken und Parks.

→ **TYPISCH** **Wenn im April fast alle Bäume noch kahl sind, kommen die Blüten des Spitz-Ahorns schön zur Geltung. Sie bieten Bienen und anderen Insekten viel Nektar. Auch wegen seiner auffallend goldenen Herbstfärbung wird er gern gepflanzt.**

Entfalten sich gemeinsam mit den Blättern: die Blüten →

# Berg-Ahorn

Acer pseudoplatanus

**Gestalt** Sommergrüner, bis 40 m hoher Baum, Rinde älterer Bäume reißt in Platten auf und schuppt ab.
**Blätter** Handförmig gelappt, bis 15 cm breit, lang gestielt, Rand gesägt, Unterseite graugrün.
**Blüten und Früchte** Blüten gelbgrün, zu mehreren in 6–12 cm langen, hängenden Trauben, Blütezeit April–Mai. Nussfrüchte paarweise mit propellerartigen Flügeln, Fruchtreife August–Oktober.
**Standort** In Laubmischwäldern, häufig in den Bergen, hier bis in über 1500 m Höhe.

Nüsse mit Flügeln sind typisch für Ahorne, daran sind sie ab August leicht zu erkennen: Beim Berg-Ahorn heißen sie auch »Nasenzwicker«, weil sie mit ihren spitzwinklig abstehenden Flügeln besonders gut auf Kindernasen Halt finden.

↑ Wie Mini-Hubschrauber: die geflügelten Samen rotieren später durch die Luft

Im Wind verwandeln sich die geflügelten Nüsse in Schraubenflieger: Die beiden Flügel rotieren um den Schwerpunkt – die beiden Samen – und trudeln gemächlich zu Boden – in möglichst weiter Entfernung vom Mutterbaum.

**→ TYPISCH Bei Pferdebesitzern ist der Ahorn in jüngerer Zeit in Verruf geraten: Plötzliche Todesfälle häuften sich auf Weiden, die von Ahornbäumen gesäumt waren. Als Auslöser der sogenannten »Atypischen Weidemyopathie« ermittelten Forscher das in Keimlingen und Samen des Ahorns vorkommende, giftige Hypoglycin. Für uns Menschen besteht keine Vergiftungsgefahr, im Gegenteil: Ahornblätter, - blüten und Keimlinge sind zwar leicht bitter, aber essbar. Früher bereitete man aus Ahornblättern sogar eine Art Sauerkraut zu.**

## ❶ Feld-Ahorn

Acer campestre

**STECKBRIEF** Sommergrüner, 10–15 m hoher Baum • Blätter bis zur Mitte eingeschnitten, drei- bis fünflappig, 5–10 cm breit • Blüten gelbgrün, in Rispen, Blütezeit Mai • Samen mit waagerecht ausgebreiteten Flügeln, 2,5–3 cm lang • Fruchtreife September–Oktober • Waldränder, Gebüsche, oft auch gepflanzt.

## ❷ Fächer-Ahorn

Acer palmatum

**STECKBRIEF** Sommergrüner, bis 10 m hoher Kleinbaum • Blätter fünf- bis neunlappig, Lappen sehr lang zugespitzt, 5–10 cm lang, gesägt • Blüten klein, in rötlichen Büscheln, Blütezeit Mai–Juni • Flügelnüsse 1–2 cm lang, fast waagerecht gespreizt, Fruchtreife Oktober • Heimat Asien, gepflanzt als Zierbaum.

Rinde bunt gemustert,
löst sich in Platten ab →

# Ahornblättrige Platane

Platanus x hispanica

---

**Gestalt** Sommergrüner, bis 35 m hoher Baum.
**Blätter** Ähnlich wie beim Spitz-Ahorn (S. 77), 15–25 cm lang und breit, meist fünflappig, Enden zugespitzt.
**Blüten und Früchte** Blüten in lang gestielten Kugeln, Blütezeit Mai. Früchte in 15–20 cm lang gestielten, kugeligen Köpfchen, Fruchtreife September–Oktober.
**Standort** Häufig gepflanzt als Park- und Straßenbaum.

**→ TYPISCH** **Bei diesem Baum handelt es sich um eine Kreuzung aus der Amerikanischen (Platanus occidentalis) und der Morgenländischen Platane (P. orientalis). Da sie robust gegenüber Luftverschmutzung ist, wird sie gern in Städten gepflanzt.**

## 1 Tulpenbaum

*Liriodendron tulipifera*

**STECKBRIEF** Sommergrüner, bis über 40 m hoher Baum • Blätter im Umriss viereckig, 8–15 cm lang, eingebuchtet, Lappen zugespitzt • Blüten tulpenartig, 4–6 cm, grünlich, Blütezeit April–Mai • Fruchtzapfen 6–8 cm lang, Fruchtreife Oktober–November • Heimat Nordamerika, gepflanzt als Zierbaum.

## 2 Silber-Pappel

*Populus alba*

**STECKBRIEF** Sommergrüner, 25–30 m hoher Baum, junge Zweige weiß behaart • Blätter drei- bis fünflappig, 6–12 cm lang, Unterseite weißfilzig • Blütenkätzchen um 5 cm lang, vor dem Laubaustrieb, Blütezeit März–April • Kapselfrüchte klein, mit Flughaaren, Fruchtreife Mai • Oft in Flussniederungen.

Die größeren Randblüten sollen Insekten anlocken. →

# Schneeball

Viburnum opulus

**Gestalt** Sommergrüner, 4–5 m hoher Strauch.
**Blätter** Drei- bis fünflappig, 8–12 cm lang, Lappen zugespitzt.
**Blüten und Früchte** Blüten klein, weiß, in 10 cm großen Schirmen mit deutlich größeren Randblüten, Blütezeit Mai–Juni. Früchte kugelig, um 1 cm groß, Fruchtreife August–Oktober.
**Standort** Feuchte Gebüsche und Waldränder.

**→ TYPISCH Die großen Randblüten dienen nur zur Show: Zwar duften sie, aber Nektar oder Pollen haben sie nicht zu bieten, denn sie sind komplett steril. Beides finden landende Insekten dafür in den inneren, unscheinbaren Blütchen. Die Früchte hängen noch im Winter am Strauch.**

In der Mitte 1 Griffel, drum herum die Staubblätter mit violetten Staubbeuteln →

# Eingriffliger Weißdorn

Crataegus monogyna

**Gestalt** Sommergrüner, bis 10 m hoher Baum oder Strauch mit langen Dornen (um 2 cm).
**Blätter** Blattumriss oval bis rautenförmig, 2–6 cm lang, tief drei- bis siebenfach gelappt, Rand an den Spitzen gezähnt, Blattstiel bis zu 3 cm lang.
**Blüten und Früchte** Blüten weiß und intensiv duftend, in Büscheln zu 4–15, Blütezeit Mai–Juni. Früchte erbsengroß, rot, mit 1 (manchmal auch 2) großen Kernen und mehlig-weißlichem Fruchtfleisch, essbar, Fruchtreife August–September.
**Standort** Häufig in Hecken, Gebüschen und an sonnigen Waldrändern.

Weißdorn-Büsche bilden undurchdringliche, reich blühende Dornröschenhecken und wachsen noch dichter, wenn man sie hin und wieder stutzt. Viele Heckenvögel wie Mönchs-

↑ Blüten in Büscheln

grasmücke, Neuntöter und Goldammer bauen ihre Nester bevorzugt im Gewirr ihrer dornigen Zweige und wissen im Spätsommer die Früchte zu schätzen. Wo der Weißdorn darf, wächst er auch als kleiner Baum und kann ein Alter von 500 Jahren erreichen.

**→ TYPISCH Der Weißdorn ist eine anerkannt wirksame Heilpflanze zur Stärkung des Herzens: Besonders in Blüten und Blättern finden sich Procyanidine und Flavonoide, durch die Arterien besser durchblutet werden, die Sauerstoffaufnahme aus dem Blut gesteigert und der Gefäßwiderstand gesenkt wird. So können Atemnot, Müdigkeit und nachlassende Leistungsfähigkeit gemildert werden.**

## 1 Zweigriffliger Weißdorn

Crataegus laevigata

**STECKBRIEF** Sommergrüner, bis 10 m hoher Kleinbaum oder Strauch • Blätter 3–5 cm lang, derb, nur im oberen Teil drei-bis fünffach gelappt • Blüten 1–2 cm, weiß, ohne Duft, mit 2–3 Griffeln (Name), Blütezeit Mai–Juni • Früchte rot, erbsengroß, essbar, Fruchtreife August–September • In Wäldern und Hecken.

## 2 Rot-Dorn

Crataegus spec.

**STECKBRIEF** Sommergrüner, bis 8 m hoher Kleinbaum oder Strauch mit kurzen Dornen • Blätter 3–5 cm groß, drei- bis fünffach gelappt, dunkelgrün glänzend • Blüten rot, verschieden gestaltig, oft gefüllt, Blütezeit Mai–Juni • Bildet selten Früchte • Kulturform des Zweigriffligen Weißdorns, oft gepflanzt.

Bieten Wildbienen, Hummeln und Schwebfliegen viel Nektar: die Blüten →

# Wilde Stachelbeere

Ribes uva-crispa

**Gestalt** Sommergrüner, bis 1,5 m hoher, stacheliger Strauch.
**Blätter** Drei- bis fünflappig, 2–5 cm lang, Rand gekerbt, Unterseite weich behaart.
**Blüten und Früchte** Blütenglöckchen hängend, grün-rot, duftend, Blütezeit April–Mai. Stachelbeeren rundlich oval, grün-gelb-rotbraun, behaart, gut erbsengroß, Fruchtreife Juli–August.
**Standort** Waldränder, Hecken und Gebüsche.

→ **TYPISCH** **Unsere Garten-Stachelbeeren mit ihren kirschgroßen Früchten stammen von wilden Stachelbeeren ab. Bei manchen Sorten sind die Stachelbeeren sogar gänzlich unbehaart, dornenlos und unempfindlich gegenüber dem schädlichen Stachelbeer-Mehltau.**

Hängende Blütentraube mit grünlichen Blütenglöckchen →

# Schwarze Johannisbeere

Ribes nigrum

**Gestalt** Sommergrüner, 1,5–2 m hoher Strauch.
**Blätter** Drei- bis fünffach gelappt, 5–10 cm lang, Rand gesägt, zerrieben unangenehm duftend.
**Blüten und Früchte** Blütenglöckchen grünlich rosa, 6–8 mm groß, Blütezeit April–Mai. Früchte erbsengroß, schwarz, Fruchtreife Juli.
**Standort** Feuchte Wälder und Gebüsche.

→ **TYPISCH** **Die Wildform ist nicht einfach von Garten-Johannisbeeren zu unterscheiden, sodass man in freier Natur nie ganz sicher sein kann, ob es sich wirklich um die reine Wildform der Schwarzen Johannisbeere handelt. Die schwarzen Beeren sind sehr gesund und beliebt für angesetzte Liköre und Gelees.**

Blätter im Umriss rundlich und tief eingebuchtet →

# Wilde Rote Johannisbeere

Ribes rubrum var. rubrum

---

**Gestalt** Sommergrüner, 1,5–2 m hoher Strauch.
**Blätter** Drei- bis fünflappig, bis 8 cm breit, Rand gesägt.
**Blüten und Früchte** Blüten grünlich, in hängenden Trauben, Blütezeit April–Mai. Früchte erbsengroß, glasig rot, essbar, Fruchtreife Juni–Juli.
**Standort** In feuchten Wäldern und an Bachläufen.

**→ TYPISCH Unsere roten Garten-Johannisbeeren (Ribes rubrum var. domesticum) sind Kreuzungen aus der Wilden Johannisbeere mit weiteren Wildformen wie Felsen-Johannisbeere (Ribes petraeum) oder Ähriger Johannisbeere (Ribes spicatum). Häufig kommen Gartenformen auch verwildert in der Natur vor.**

In Weinstöcken wird die Kletterpflanze regelmäßig auf 1-3 Triebe beschnitten →

# Echte Weinrebe

Vitis vinifera

---

**Gestalt** Sommergrüner, 10–20 m hoher Kletterstrauch.
**Blätter** Drei- bis siebenlappig, 5–15 cm breit, Rand grob gezähnt.
**Blüten und Früchte** Blüten unscheinbar grünlich, in Rispen, Blütezeit Juni. Weintrauben von gelb über grün bis dunkelrot, 1–2 cm groß, Fruchtreife September–Oktober.
**Standort** Heimat Südeuropa, in Mitteleuropa in vielen Kultursorten.

**→ TYPISCH Aus der Echten Weinrebe werden schon seit dem 6. Jahrtausend v. Chr. in Vorderasien verschiedene Kultursorten (Rebsorten) gezüchtet und in Weinstöcken angebaut, um daraus Wein, Traubensaft und Rosinen zu gewinnen. Heute gibt es über 16 000 verschiedene Rebsorten.**

Typisches Ginkgo-Blatt mit Spalt in der Mitte →

# Ginkgo

Ginkgo biloba

**Gestalt** Sommergrüner, 10–40 m hoher Baum.
**Blätter** Verschiedengestaltig, 5–10 cm lang, lang gestielt.
**Blüten und Früchte** Männliche Blüten in 2–3 cm langen Kätzchen, weibliche Blüten unscheinbar grün, lang gestielt, Blütezeit März–Mai. Früchte ähneln Aprikosen, 2–3 cm lang, Fruchtreife Oktober–November.
**Standort** Heimat China, beliebter Park- und Stadtbaum.

**→ TYPISCH Der Ginkgo ist höchstwahrscheinlich der älteste Baum unserer Erde: Schon vor rund 150 Millionen Jahren wuchsen verschiedene Ginkgo-Arten auch in Mitteleuropa, erst vor rund 3 Millionen Jahren starben sie schließlich in Europa aus.**

Typisches Blatt an jugendlichen Trieben →

# Efeu

Hedera helix

**Gestalt** Immergrüner, kriechender oder kletternder Strauch bis 20 m Höhe.
**Blätter** Vielgestaltig, 5–12 cm groß, jugendliche Blätter drei- bis fünflappig mit heller Aderung, an älteren, blühfähigen Trieben ungelappte, fast herzförmige Blätter mit welligem Rand.
**Blüten und Früchte** Bis zu 20 kleine, gelbe Blüten gehäuft in gestielten Kugeln, Blütezeit September–Oktober, Früchte kugelig, blauschwarz, 0,5 cm groß, Fruchtreife März–April.
**Standort** Häufig in Wäldern und als Rankpflanze in Gärten.

Der Efeu hat seinen ureigenen Rhythmus: Im Oktober steht er in voller Blüte, seine Früchte sind dann im Frühling reif. Er macht es also andersherum als es Pflanzen bei uns normalerweise tun – nämlich im Frühling blühen und im Herbst

↑ Außergewöhnlich: blüht spät im Herbst

Früchte tragen. Für Vögel und Insekten ist er damit ein überraschender Segen: Bienen fliegen im Herbst auf den unerwarteten Nektar und Pollen, und für Vögel kommen die begehrten Früchte genau dann, wenn das Nahrungsangebot im Frühjahr ansonsten noch eher kärglich ausfällt.

**→ TYPISCH Efeu braucht keine Spaliere oder sonstigen Rankhilfen, um Wände zu erklimmen. Mit klebrigen Fortsätzen haften seine Zweige von selbst an Mauerwerk, Holz oder unschönen Betonwänden und schaffen so den Weg nach oben ganz allein. Gerade für kleine Gärten ist Efeu eine tolle Pflanze, um ökologisches Grün in die Höhe zu schicken.**

# BÄUME MIT ZUSAMMEN-GESETZTEN BLÄTTERN
## schneller bestimmen

**Der Baum oder Strauch hat ein zusammengesetztes Blatt.**

↓

**Schau dir an, wie die Einzelblätter angeordnet sind: eher gefingert wie eine Hand oder gefiedert wie eine Fischgräte?**

↓

**Blättere nun zu der Seite, ab der die Arten mit der entsprechenden Anordnung der Einzelblätter vorgestellt werden.**

**AB SEITE 95**

### Blatt gefingert

Die Einzelblätter treffen sich alle an einem Punkt, so wie Finger an einer Hand. Solche Blätter sind meist aus 3–5, manchmal auch aus 7 oder mehr Einzelblättern zusammengesetzt.
⟶ Eine typische Vertreterin ist die Ross-Kastanie (Foto).

**AB SEITE 100**

### Blatt gefiedert

Die Einzelblätter stehen sich paarweise gegenüber und erinnern mit dieser Anordnung an eine Fischgräte. An der Spitze steht häufig noch ein Einzelblatt.
⟶ Typische Vertreter sind Esche, Holunder und Vogelbeere.

1

2

## ❶ Goldregen

*Laburnum anagyroides*

**STECKBRIEF** Sommergrüner, 5–9 m hoher Strauch oder Kleinbaum • Blätter dreigeteilt, Einzelblätter schmal-oval, 4–8 cm lang • Blüten gelb, 1,5–2 cm lang, in bis zu 30 cm langen Trauben, Blütezeit Mai–Juni • Samen in 6–8 cm langen, bohnenförmigen Hülsen, Fruchtreife September–Oktober • Häufiger Zierbaum.

## ❷ Besen-Ginster

*Cytisus scoparius*

**STECKBRIEF** Sommergrüner, 1–2 m hoher Strauch mit grünen, vierkantigen Zweigen • Blätter dreigeteilt, Einzelblätter oval, 0,5–2 cm lang • Blüten gelb, 2–3 cm groß, Blütezeit Mai–Juni • Hülsenfrüchte flach, 2,5–4 cm lang, Fruchtreife August–September • Auf Weiden, an Wald- und Wegrändern.

Werden zur Spitze hin immer →
breiter: die »Finger«

# Ross-Kastanie

Aesculus hippocastanum

**Gestalt** Sommergrüner, bis 25 m hoher, stattlicher Baum mit hoch gewölbter Krone.
**Blätter** Handförmig geteilt in 5–7 länglich eiförmige Blättchen, 10–25 cm lang, Rand gesägt, Unterseite heller.
**Blüten und Früchte** Blüten zahlreich in aufrechten, bis 30 cm hohen Blütenkerzen, Einzelblüte um 2 cm groß, Blütezeit April–Mai. Kastanien rotbraun glänzend, 4–5 cm groß, Fruchtreife September–Oktober.
**Standort** Häufig gepflanzt als Straßen- und Parkbaum, ursprüngliche Heimat ist der Balkan.

In ihrem Herkunftsland auf dem Balkan war es üblich, die stärkehaltigen Kastanien als Viehfutter zu nutzen, und auch bei uns werden gesammelte Kastanien heute noch an Wildtiere verfüttert. Für Menschen sind Ross-Kastanien (nicht

Kastanien reifen in stacheligen Hüllen

verwechseln mit Ess-Kastanien, S. 51) wegen der enthaltenen Seifenstoffe (Saponine, s. u.) schwach giftig. Vor allem aber sind sie nicht besonders gut magenverträglich. Aus der Ross-Kastanie züchtete man die Rotblühende Rosskastanie (Aesculus x carnea).

**→ TYPISCH Die Ross-Kastanie zählt zu den Seifenbäumen (Sapinaceae) und in ihr steckt auch wirklich Seife (Saponine). Das kann man selbst ausprobieren und flüssige Natur-Seife herstellen: die braune Hülle abschälen, den innen liegenden, weißen Samen zerkleinern und mit Wasser verrühren. Die Flüssigkeit schäumt und reinigt schonend Haut und Kleidung.**

Ein Blatt besteht meist aus 5 Blättchen →

# Wilder Wein

Parthenocissus quinquefolia

**Gestalt** Sommergrüne, bis 20 m hohe Kletterliane.
**Blätter** Fünffach gefingert, Blättchen 4–10 cm lang, zugespitzt, Rand grob gesägt.
**Blüten und Früchte** Blüten gelb-grünlich, klein und unscheinbar, in lockeren Rispen, Blütezeit Juni–August. Früchte erbsengroß, blauschwarz, leicht giftig, Fruchtreife September–Oktober.
**Standort** Heimat Nordamerika, Zierpflanze in Gärten und an Hauswänden.

**→ TYPISCH Der Wilde Wein wird wegen seines auffallenden Herbstlaubs gern zur Begrünung von Hauswänden, Mauern und Carports gepflanzt. Mithilfe seiner kleinen Haftscheiben kann er gewisse Strecken von selbst nach oben klimmen.**

Fünffach gefingerte Blätter
und stachelige Zweige

# Brombeere

Rubus sect. Rubus

---

**Gestalt** Sommergrüner, 1–3 m hoher, stacheliger Strauch.
**Blätter** Meist drei- bis fünffach gefingert, Blättchen 5–10 cm lang, Rand grob gesägt, Mittelrippen und Blattstiele mit Stacheln besetzt.
**Blüten und Früchte** Blüten weiß bis hellrosa, 2 cm groß, zu mehreren in Rispen, Blütezeit Juni–August. Brombeeren schwarz glänzend, Fruchtreife August–Oktober.
**Standort** Sehr häufig an Wald- und Gebüschrändern und in Hecken.

→ **TYPISCH** **Leicht zu verwechseln mit der ungiftigen, aber wenig schmackhaften Kratzbeere (R. caesius): Deren Früchte bestehen aus weniger »Kügelchen«, sind hell bereift und zerfallen meist beim Pflücken.**

Blätter meist dreifach gefingert, kaum stachelig →

# Himbeere

Rubus idaeus

**Gestalt** Sommergrüner, 1–2 m hoher, kaum stacheliger Strauch.
**Blätter** Meist drei- (bis fünf-)fach gefingert, Blättchen 5–10 cm lang, Rand gesägt, Unterseite weißfilzig.
**Blüten und Früchte** Blüten weiß, um 1 cm groß, nickend, Blütezeit Mai–Juni. Himbeeren halbkugelig, reif hellrot, Fruchtreife Juli–August.
**Standort** Häufig an Waldrändern, in Hecken und in Gebüschen.

→ **TYPISCH** **Himbeeren können sich im Prinzip selbst bestäuben. Wissenschaftler fanden aber heraus, dass Früchte, die von Bienen bestäubt wurden, deutlich größer und saftiger sind: Je mehr Bienen eine Himbeerblüte besuchen, umso dicker ist später die Frucht.**

Blüten in ausgebreiteten Schirmrispen →

# Vogelbeere · Eberesche

Sorbus aucuparia

**Gestalt** Sommergrüner, bis 15 m hoher Baum oder Strauch.
**Blätter** Zusammengesetzt aus 9–15 Fiederblättchen, 13–25 cm lang.
**Blüten und Früchte** Blüten weiß, um 1 cm groß, stehen in 10–15 cm großen Blütenschirmen, Blütezeit Mai–Juni. Früchte erbsengroß, orange, in Schirmrispen, Fruchtreife August–September.
**Standort** Waldränder, Knicks, Hecken, häufig auch gepflanzt als Straßenbaum.

→ **TYPISCH** **Das Gerücht, Vogelbeeren seien giftig, hält sich hartnäckig. Wegen der nicht gut verträglichen enthaltenen Säuren sollten sie aber nur gekocht genossen werden, z. B. als Apfel-Vogelbeer-Marmelade.**

Typisch: Blattstiel mit »Flügeln« am unteren Ende →

# Hunds-Rose

Rosa canina

**Gestalt** Sommergrüner, bis 3 m hoher Strauch mit bogig überhängenden, sehr stacheligen Zweigen.
**Blätter** Gefiedert in 5–7 Blättchen, 8–12 cm lang, Rand gesägt, Unterseite heller.
**Blüten und Früchte** Blüten duftend, hellrosa bis weißlich, 4–5 cm breit, Blütezeit Mai–Juni. Hagebutten eiförmig, korallenrot, 2–2,5 cm lang.
**Standort** Häufig in Hecken, Gebüschen und an sonnigen Waldrändern.

Weil Wildrosen robuster sind als Zuchtrosen und außerdem weniger anfällig für Krankheiten, nutzen Rosenzüchter sie häufig, um die Eigenschaften ihrer Zuchtsorten zu verbessern: Dazu schneiden sie einen Edelrosentrieb und propfen ihn nach einem bestimmten Verfahren (Okulation) auf eine

↑ Hakig gebogene Stacheln



gekürzte Hunds-Rose. Die neuen Triebe sehen aus wie Edelrosen, besitzen aber die guten Eigenschaften von Wildrosen. Besonders stark gefüllte Rosen besitzen leider keine Staubblätter mehr – also auch keine Nahrung für Insekten.

**→ TYPISCH Hagebutten sind ein köstliches und Vitamin-C-haltiges Wildobst – und zwar sämtliche Hagebutten (auch die von der Kartoffel-Rose, S. 104). Aus ihnen lassen sich feine Marmeladen kochen (Kerne nach dem Kochen absieben) oder auch ein richtiger, unverfälschter Hagebutten-Tee: Einfach die Hagebutten waschen, zerkleinern und 3 Minuten in Wasser köcheln lassen.**

Blüten in Pink, Rosa oder Weiß →

# Kartoffel-Rose

Rosa rugosa

**Gestalt** Sommergrüner, 1–2 m hoher, sehr stacheliger Strauch.
**Blätter** Zusammengesetzt aus 5–9 Fiederblättchen, 5–15 cm lang.
**Blüten und Früchte** Blüten rosa oder weiß, duftend, 6–9 cm groß, Blütezeit Juni–September. Hagebutten 2–2,5 cm groß, orangerot, rundlich, Fruchtreife August–Oktober.
**Standort** Heimat Asien, häufig gepflanzt.

**→ TYPISCH Die Kartoffel-Rose ist besonders robust: Sandige und auch salzige Böden können ihr nichts anhaben, weshalb sie an den Küsten vielerorts zur Dünenbefestigung gepflanzt wurde. Da sie hier zunehmend heimische Arten verdrängt, gilt sie heute als invasive Art.**

Unter der grünen Schale: → die braune Walnuss

# Echte Walnuss

*Juglans regia*

**Gestalt** Sommergrüner, 15–30 m hoher Baum.
**Blätter** Zusammengesetzt aus 5–9 großen, ledrigen Fiederblättchen, 20–50 cm lang, zerriebene Blätter duften aromatisch.
**Blüten und Früchte** Weibliche Blüten grün, unscheinbar, männliche Blüten in Hängekätzchen, Blütezeit April–Mai. Früchte eiförmig, grün, 4–6 cm lang, darin die runzelige, verholzte Walnuss, Fruchtreife September–Oktober.
**Standort** Heimat Balkan bis Asien, bei uns eingebürgert und verwildert.

→ **TYPISCH** **Erst ab einem Alter von 10–20 Jahren trägt der Baum zum ersten Mal Nüsse. Ein gut gewachsener Walnussbaum kann in einem Jahr 150 kg Nüsse produzieren.**

## 1 Robinie

*Robinia pseudoacacia*

**STECKBRIEF** Sommergrüner, 20–25 m hoher, dorniger Baum • Blätter aus 8–22 Fiederblättchen, um 20 cm lang • Blüten weiß, 1,5–2,5 cm groß, in hängenden Trauben, Blütezeit Mai–Juni • Bohnenförmige Hülsenfrüchte, 5–10 cm lang, Fruchtreife September • Heimat Nordamerika, häufiger Zierbaum.

## 2 Essig-Baum

*Rhus typhina*

**STECKBRIEF** Sommergrüner, meist 3–5 m hoher Strauch oder Kleinbaum • Blätter 20–60 cm lang, aus 9–31 Fiederblättchen • Blüten in aufrechten Kolben, weibliche rot, männliche gelblich grün, Blütezeit Juni–Juli • Früchte in rotbraunen Kolben, Fruchtreife September • Heimat Nordamerika, häufiger Zierbaum

## ❸ Götterbaum

Ailanthus altissima

**STECKBRIEF** Sommergrüner, bis 25 m hoher Baum • Blätter aus 13–25 Fiederblättchen, 40–60 cm lang • Blüten gelb, klein, in 10–20 cm langen Rispen, Blütezeit Juni–Juli • Flügelnüsschen mit Samen in der Mitte 3–4 cm lang, Fruchtreife September–Oktober • Heimat China, Park- und Straßenbaum.

## ❹ Waldrebe

Clematis vitalba

**STECKBRIEF** Sommergrüner, 10–30 m hoher Kletterstrauch • Blätter aus meist 5 Fiederblättchen • Blüten cremeweiß, 2 cm groß, in Rispen, Blütezeit Juli–September • Nüsschen mit federartigem Schweif als Flugorgan, Fruchtreife Oktober • Frische Laubwälder, Waldränder und Hecken.

Immer eine ungerade Anzahl Fiederblättchen →

# Esche

Fraxinus excelsior

**Gestalt** Sommergrüner, bis 40 m hoher Baum, die Esche zählt damit zu unseren höchsten Bäumen.
**Blätter** Gefiedert in 9–13 schmal-eiförmige Fiederblättchen, 4–10 cm lang, Rand gesägt.
**Blüten und Früchte** Blüten rotbraun, klein, in Büscheln, Blütezeit April–Mai. Nüsschen mit häutigen Flügeln, in dichten Rispen, Fruchtreife September–Oktober.
**Standort** Gewässerufer und Schluchtwälder, oft gepflanzt in Parks.

Viele eng mit der Natur verbundene Urvölker stellten sich den Kosmos als Weltenbaum vor, der das ganze Weltgebäude trägt und mit seinem Stamm, der Weltenachse, die drei Ebenen Himmel (als Sitz der Götter), Erde (die Menschenwelt) und Unterwelt (das Totenreich) verbindet. Die

↑ Unauffällige Blüten: erscheinen vor dem Laub

nordisch-germanische Mythologie nannte diesen Weltenbaum »Yggdrasil« und alten Überlieferungen zufolge soll sie eine Esche gewesen sein. An den Wurzeln der Esche Yggdrasil befand sich der Urdbrunnen, wo die drei Nornen die Schicksalsfäden der Menschen spannen.

→ **TYPISCH** **Seit 15 Jahren ist zu sehen, dass überall in Europa die Eschen sterben. Die Ursache ist ein Pilz, der mit Bäumen aus Asien eingeschleppt wurde: Nach und nach dringt er von den Blättern in Äste und Wurzeln vor und verstopft die Wasserzufuhr. Zuerst sterben Zweige in der Baumkrone, schließlich die Wurzeln. Ein Gegenmittel wurde bisher nicht gefunden.**

Blätter meist fünffach gefiedert →

# Schwarzer Holunder

Sambucus nigra

**Gestalt** Sommergrüner, bis 10 m hoher Strauch oder Baum mit typisch hellgrauer, längsrissiger Rinde.
**Blätter** Gefiedert, aus 5–7 eiförmigen Fiederblättchen, 10–30 cm lang, riechen streng beim Zerreiben.
**Blüten und Früchte** Kleine Blüten, cremeweiß, duftend, in 10–15 cm großen Dolden, Blütezeit Juni–Juli. Früchte gehäuft in hängenden Dolden mit weinroten Stielen, 5–6 mm groß, schwarzviolett glänzend, Fruchtreife August–September.
**Standort** Waldränder, in Hecken, Gebüschen und als Hausbaum an Gehöften.

Den »Hollerbaum« kennen viele: Aus seinen Blüten lässt sich ein aromatischer Sirup kochen und der Saft aus seinen Früchten ist in der Volksmedizin der Geheimtipp zur Stärkung der Immunabwehr. Was viele nicht wissen: Der

↑ Roh sind die Beeren schwach giftig!

---

Holunder hat einen giftigen Doppelgänger, der ihm wirklich sehr ähnlich sieht: den Zwerg-Holunder (Sambucus ebulus). Wichtigster Unterschied: Der Zwerg-Holunder hat nie einen verholzten Stamm und wird maximal 1,5 m hoch.

**→ TYPISCH Viele indigene Völker Nordamerikas nutzten den Holunder als Ganzjahres-Apotheke (und ähnlich war es früher wohl auch bei uns): Mit frischen Blättern reinigten sie Wunden, die Wurzeln halfen gegen Durchfall, sie kochten Tee aus den Blüten, um Fieber herauszuschwitzen, und aus getrockneten Blättern und Blüten bereiteten sie Heilsalben für die Haut zu.**

Erscheinen schon im April: die aufrechten Blütenrispen →

# Traubenholunder · Bergholunder

*Sambucus racemosa*

---

**Gestalt** Sommergrüner, meist 2–4 m hoher Strauch.
**Blätter** Aus 3–7 Fiederblättchen zusammengesetzt, 10–25 cm lang, oval zugespitzt, Rand gesägt, riechen zerrieben unangenehm.
**Blüten und Früchte** Blüten gelb-grünlich, dicht an dicht in aufrechten Rispen, Blütezeit April–Mai. Früchte korallenrot, 4–5 mm groß, Fruchtreife Juli–August.
**Standort** Hauptsächlich im Hügel- und Bergland, im norddeutschen Tiefland angepflanzt und stellenweise eingebürgert.

**→ TYPISCH Giftig sind tatsächlich nur die innen liegenden Kerne. Die Früchte selbst sind gekocht als Marmelade oder Gelee essbar, wenn man die Kerne absiebt.**

Blüten in aufrechten Trauben →

# Mahonie

Mahonia aquifolium

**Gestalt** Immergrüner, 0,5–1,5 m hoher Kleinstrauch.
**Blätter** Zusammengesetzt aus 5–13 ledrig glänzenden Fiederblättchen, bis 20 cm lang, Rand gewellt, dornig gezähnt.
**Blüten und Früchte** Blüten goldgelb, um 1 cm groß, in 5–8 cm langen Trauben, Blütezeit April–Mai. Früchte erbsengroß, schwarz, bereift, Fruchtreife August–Oktober.
**Standort** Heimat Nordamerika, oft gepflanzt.

→ TYPISCH **Die Früchte sind roh wenig gut verträglich, gekocht aber sehr wohl. Die Kerne sollten abgesiebt werden, wenn man die Früchte zu Marmelade einkocht, da die unverträglichen Wirkstoffe in ihnen besonders konzentriert sind.**

# NADELBÄUME
## schneller bestimmen

**Der Baum oder Strauch hat Nadeln oder schuppenförmige Blätter.**

↓

**Schau dir die Form der Nadeln genauer an: Sind sie lang, kurz oder schuppenförmig?**

↓

**Blättere nun direkt weiter zu der Seite, ab der die Arten mit den entsprechenden Nadeln oder Schuppenblättern vorgestellt werden.**

**AB SEITE 115**

### Nadeln lang

Lange Nadeln sind typisch für Kiefern (Föhren). Meist sind sie 3–10 cm lang. Oft stehen sie zu zweit, umgeben von einer Nadelscheide.

**AB SEITE 119**

### Nadeln kurz

Fichten und Tannen sind bekannt für ihre meist 1–3 cm kurzen Nadeln. Nicht verwechseln mit der giftigen Eibe (Seite 119)! Eine Ausnahme sind die Nadeln der Douglasie, sie sind 3–4 cm lang.

**AB SEITE 127**

### Schuppenblätter

Lebensbäume (Thuja) haben schuppenförmige Nadeln. Auch der äußerst giftige Sadebaum gehört hierher.

Rundlich eiförmige Zapfen →

# Berg-Kiefer · Latschen-Kiefer

Pinus mugo

**Gestalt** Immergrüner, vielgestaltiger, bis 25 m hoher Großstrauch oder Baum.
**Blätter** Nadelförmig, 2–8 cm lang, steif, zugespitzt, immer zu zweit.
**Blüten und Früchte** Weibliche Blütenzapfen rötlich, bis 1 cm lang, männliche Blüten gelb, dicht gedrängt, bis 1,5 cm lang, Blütezeit Juni–Juli, Zapfen bis 6 cm lang, Samenreife Oktober–November.
**Standort** Berge und Moore.

→ **TYPISCH** **Man unterscheidet mehrere Unterarten der Berg-Kiefer (auch »Berg-Föhre«). Ihre Wuchsform reicht vom niederliegenden Strauch bis zum hohen Baum, die besiedelten Lebensräume reichen von Mooren bis ins Hochgebirge.**

# Wald-Kiefer · Föhre

Pinus sylvestris

**Gestalt** Immergrüner, bis über 40 m hoher Nadelbaum, Rinde braunrot, grobschuppig.
**Blätter** Nadelförmig und steif, blaugrün, 3–7 cm lang, vorn zugespitzt,
**Blüten und Früchte** Weibliche Blütenzapfen um 1 cm lang, gestielt, rötlich, männliche Blütenkätzchen eiförmig, gelb, bis 2 cm lang, Blütezeit Mai–Juni. Samen 3–4 mm klein, reifen in 3–8 cm langen Zapfen, Samenreife September–Oktober.
**Standort** Häufig in sandigen oder moorigen Wäldern.

Kiefern-Samen brauchen ganze 3 Jahre, bis sie bereit sind, auszufliegen: So lange reifen sie, gut beschützt vor hungrigen Schnäbeln im holzigen Zapfen. Ist das Wetter sonnig und trocken, öffnet der Zapfen seine Schuppen und die Sa-

↑ Unverkennbar: die schuppige Borke

men können heraus: Sie fallen aber nicht einfach zu Boden, sondern tragen Flügel, mit denen sie leicht 1 km weit fliegen können. Manche Zapfen werden auch von Spechten und Eichhörnchen verschleppt, die mit den verloren gegangenen Samen nebenbei Kiefernwälder pflanzen.

**→ TYPISCH Kein anderer Baum kommt mit so wenig Erde und Wasser aus wie die Kiefer. Deshalb wird sie nach Expertenmeinung eher der Klimaerwärmung trotzen können als viele andere Baumarten. Nach Katastrophen wie Waldbränden und Kahlschlägen schafft es ist die Kiefer als Erste, wieder Fuß zu fassen, und wird deshalb als Pionier-Baumart bezeichnet.**

## ❶ Zirbel-Kiefer · Zirbe

Pinus cembra

**STECKBRIEF** Immergrüner, bis 25 m hoher Baum • Nadeln in Büscheln zu fünft, 5–10 cm lang • Männliche Blüten gelb, kätzchenartig, weibliche Blütenzapfen purpurrot, 1–1,5 cm lang, an Zweigspitzen, Blütezeit Mai–Juli • Zapfen eiförmig, bis 13 cm lang, Samenreife September–Oktober • Im Hochgebirge.

## ❷ Schwarz-Kiefer

Pinus nigra

**STECKBRIEF** Immergrüner, bis 45 m hoher Baum • Nadeln in Büscheln zu zweit, 8–16 cm lang, steif • Männliche Blüten gelb, kätzchenartig, weibliche Blütenzapfen rot, 1–4 cm lang, Blütezeit Mai–Juni • Zapfen eiförmig, bis 8 cm lang, Samenreife September–November • Im Bergland bis zur Waldgrenze.

Typisch: Nadeln flach, wachsen deutlich gescheitelt am Zweig →

# Eibe

*Taxus baccata*

**Gestalt** Immergrüner, 10 (–20) m hoher, mehrstämmiger Baum.
**Blätter** Nadelförmig, flach, biegsam, 1,5–3,5 cm lang, Oberseite glänzend dunkelgrün, Unterseite stumpf, graugrün.
**Blüten und Früchte** Männliche Blüten kugelig, gelb, 4 mm groß, weibliche Blüten klein, unscheinbar, Blütezeit März–April. Früchte rot, um 1 cm groß, Fruchtreife September–Oktober.
**Standort** Wälder und Bergland.

→ **TYPISCH Eiben wachsen langsam und können ein Alter von 2000 Jahren erreichen. Die einst großen Bestände in Mitteleuropa wurden abgeholzt, denn Eibenholz ist besonders hart und elastisch, es diente lange zum Bau von Bögen.**

Junge Nadeln (Maiwipfel): hellgrün und weich →

# Rot-Fichte

Picea abies

**Gestalt** Immergrüner, bis 50 m hoher Baum mit spitz kegelförmiger Krone, Rinde rotbraun, schuppig.
**Blätter** Nadeln vierkantig, rundum grün glänzend (es gibt keine Ober- und Unterseite), mit stechender Spitze, 1–2,5 cm lang, Nadeln rings um den Zweig angeordnet.
**Blüten und Früchte** Weibliche Blüten in rötlichen Zapfen, einzeln am Ende der Zweige, Blütezeit Mai–Juni, männliche Blüten rötlich gelb, nach unten gerichtet, meist 1–2 cm lang. Reife Zapfen braun, verholzt, hängend, 10–15 cm lang, Fruchtreife September–November.
**Standort** Bevorzugt in feuchten, kühlen Lebensräumen oberhalb 800 m, in den Tieflagen angepflanzt als Forst- oder Zierbaum.

↑ Bildet Harze, um Wunden zu verschließen



Fichten leiden heute extrem unter der Klimaerwärmung. Zu hohe Temperaturen und zu wenig Wasser lassen den Harzfluss versiegen. Dadurch können Borkenkäfer ungehindert ins Holz eindringen und den Baum weiter schwächen. Ganze Hügelketten sind heute schon braun von absterbenden Fichten.

**→ TYPISCH An keinem anderen Baum unserer Breiten sieht man so häufig Harz auf der Rinde wie bei der Fichte. Das Harz mit seinen Harzsäuren und ätherischen Ölen dient dazu, Verletzungen in der Rinde (seiner »Außenhaut«) vor Bakterien und Pilzen zu schützen. »Harzsalben«, gerührt aus Ölen, Wachsen und Fichtenharz, zählen bis heute zu den wirkungsvollsten Heilsalben.**

Nadeln stumpf, unterseits mit 2 weißen Streifen

# Weiß-Tanne

Abies alba

---

**Gestalt** Immergrüner, bis 50 m hoher Baum mit kegelförmiger Krone.
**Blätter** Nadelförmig, abgeflacht, 1–3 cm lang, stumpf endend.
**Blüten und Früchte** Männliche Blüten gelbbraun, um 2 cm lang, weibliche Blütenstände hellgrün, bis 3 cm lang, aufrecht, Blütezeit Mai–Juni. Zapfen zylindrisch, aufrecht, 10–15 cm lang, Samenreife September–Oktober.
**Standort** Bevorzugt im Bergland in Höhen von 400–1000 m.

**→ TYPISCH Im Gegensatz zur flach wurzelnden Fichte können Stürme die Tanne nicht aus dem Gleichgewicht bringen: Ihre tiefe Pfahlwurzel verankert sie fest im Boden. Extrem empfindlich ist sie dafür gegenüber schwefelhaltigen Abgasen (»saurer Regen«). So zeigt sie uns als sensibler Bioindikator, wo unsere Atemluft alles andere als in Ordnung ist.**

Typisches Merkmal: die korkartige Borke →

# Douglasie

Pseudotsuga menzisii

**Gestalt** Immergrüner, bis 60 m hoher Baum.
**Blätter** Nadelförmig, 2–4 cm lang, abgeflacht, riechen zerrieben nach Orange.
**Blüten und Früchte** Männliche Blüten rötlich gelb, um 1 cm lang, nach unten gerichtet, weibliche Blüten bis 2 cm lang, rötlich grün, Blütezeit April–Mai. Zapfen oval zugespitzt, 5–10 cm lang, Samenreife August–September.
**Standort** Heimat: Nordamerika, forstlich angebaut.

**→ TYPISCH In ihrer Heimat erreichen Douglasien Höhen von über 100 m. Benannt wurde sie nach dem Botaniker David Douglas, der 1827 die ersten Douglasien nach Europa importierte. Seither wird dieser Baum forstmäßig angepflanzt.**

# Lärche

*Larix decidua*

**Gestalt** Sommergrüner, bis über 50 m hoher Baum.
**Blätter** Nadeln weich, hellgrün, vorne stumpf, 1,5–3 cm lang, in Büscheln zu 30–50, im Herbst goldgelb.
**Blüten und Früchte** Weibliche Blüten in eiförmigen, bis 2,5 cm großen, rosaroten Zapfen, männliche Blüten gelb, hängend, in 1 cm großen Blütenständen, Blütezeit März–Mai. Samen reifen in kugelig-eiförmigen, bis 10 cm großen Zapfen, Fruchtreife September–November.
**Standort** Ursprünglich nur in den Höhenlagen der Berge. Heute angepflanzt als Forstbaum in vielen Wäldern Europas und auch als Parkbaum.

Lärchenholz ist besonders hart und resistent gegenüber Fäulnis, daher wird es traditionell zum Bau von Dachstühlen, Fassadenverkleidungen und Fenstern genutzt. Da es

↑ Können 500 Jahre alt werden

auch im Kontakt mit Wasser dauerhaft haltbar ist, baut man daraus auch häufig Stege und Brücken. Hier kann die Lärche durchaus mit den Eigenschaften von Eichenholz mithalten. Die Lärche wird zunehmend als Ersatz für importierte Tropenhölzer eingesetzt.

**→ TYPISCH Als einziger Nadelbaum unserer Breiten färbt sich die Lärche im Herbst goldgelb und verliert all ihre Nadeln. Bis zum nächsten April steht sie den ganzen Winter über kahl da und trägt nur noch ihre braunen Zapfen. Sind die Samen reif, öffnen sich die Zapfen und entlassen die geflügelten Samen. Die Zapfen selbst bleiben noch viele Jahre an den Zweigen.**

Pieksige Nadeln, kugelige, schwarzblaue Früchte →

# Wacholder

*Juniperus communis*

---

**Gestalt** Immergrüner, 5–6 m hoher Strauch oder bis 15 m hoher, von Grund an verzweigter Kleinbaum.
**Blätter** Nadelförmig, steif und zugespitzt, 1–2 cm lang, Oberseite mit weißlicher Rinne, 3 Nadeln zusammen in einem Wirtel.
**Blüten und Früchte** Blüten klein, unscheinbar, Blütezeit April–Juni. Wacholderbeeren 5–7 mm dick, Fruchtreife August–Oktober.
**Standort** Auf mageren, lichten Weiden und Heiden.

**TYPISCH Wo Schafe weiden (oder früher geweidet haben), bilden sich oft Wacholderbestände aus: Die weniger pieksigen Pflanzen ringsherum werden abgeweidet und nur die Wacholderbüsche bleiben übrig.**

An jungen Zweigen wacholderähnliche, spitze Nadeln

# Sadebaum

Juniperus sabina

**Gestalt** Immergrüner, meist 1–2 (–5) m hoher, breitbuschiger Strauch.
**Blätter** Zweigestaltig: sowohl 1–3 mm lange, angedrückte Schuppenblätter als auch spitze, bis 1 cm lange Nadeln.
**Blüten und Früchte** Blüten klein, unscheinbar, Blütezeit März–Mai, Früchte 3–8 mm groß, schwarzblau, bereift, Fruchtreife Oktober–April. Giftig.
**Standort** Gebirge bis in 3000 m Höhe, beliebte Zierpflanze in Gärten.

**→ TYPISCH Alle Teile des Sadebaums sind stark bis tödlich giftig für Mensch und Tier. Die größte Vergiftungsgefahr besteht in Gärten und auf Friedhöfen, wo er gern in verschiedenen Züchtungen gepflanzt wird. Seine Blätter verströmen beim Zerreiben einen üblen Geruch, daher sein Spitzname »Stinkwacholder«.**

Zugespitzte, eng anliegende Schuppenblätter

# Nootka-Scheinzypresse

Xanthocyparis nootkatensis

---

**Gestalt** Immergrüner, bei uns meist 20–30 m hoher Baum mit rotbrauner Rinde.

**Blätter** Schuppenförmig, 2–6 mm lang, riechen zerrieben unangenehm.

**Blüten und Früchte** Blüten unscheinbar, Blütezeit April–Mai. Früchte bläulich, bereift, rundlich mit hakigen Höckern, um 1 cm dick, Fruchtreife September–Oktober.

**Standort** Heimat Nordamerika, Zierpflanze.

**→ TYPISCH Der Name »Nootka« beruht auf einem Irrtum: Als James Cook sich auf dem Pazifik bei Vancouver verirrte, riefen ihm Bewohner des Küstenstrichs zu: »nook-sitl!« (Ihr müsst um die Insel herumfahren!). Cook hielt das jedoch für den Namen der Insel.**

Kleine Zapfen, klaffen reif weit auseinander →

# Abendländischer Lebensbaum

Thuja occidentalis

---

**Gestalt** Immergrüner, 15–25 m hoher, mehrstämmiger Baum oder Strauch.
**Blätter** Schuppenförmig, 2–7 mm lang, mattgrün, riechen zerrieben aromatisch.
**Blüten und Früchte** Blüten klein, unscheinbar, Blütezeit April–Mai. Zapfen oval, um 1 cm lang, Samenreife September–Oktober.
**Standort** Heimat Nordamerika, Zierpflanze, oft beschnitten als Hecke.

**→ TYPISCH Wer heimischen Tieren etwas Gutes tun will, sollte statt Thuja-Hecken besser auf heimische Arten wie Hainbuche, Liguster und Weißdorn setzen: Sie bieten Insekten und Vögeln mit ihren Blüten und Früchten Nahrung und sichere Nistplätze.**

# Register

# Bildnachweis

**Heiko Bellmann/Frank Hecker** (9): 25 groß, 31 groß, 58 groß, 60 klein, 70 links, 77 groß, 87 klein, 93 beide; **Blickwinkel über Hecker** (3): 41 rechts, 45 groß, 80 rechts; **Frank Hecker** (231): 6, 7, 9 beide, 10, 11, 13 beide, 14 beide, 15 beide, 16 beide, 17 beide, 18 beide, 19 beide, 20 beide, 21 beide, 22 beide, 23 beide, 24 beide, 25 klein, 26 beide, 27 beide, 28 beide, 29 beide, 30 beide, 31 klein, 32 beide, 33 beide, 34 beide, 35 beide, 36 beide, 37 beide, 38 beide, 39 beide, 40 beide, 41 links, 42 beide, 43 beide, 44 beide, 45 klein, 46 beide, 47 beide, 48 beide, 49 beide, 50 beide, 51 beide, 52 beide, 53 beide,54 beide, 55 beide, 56 beide, 57 beide, 58 klein, 59 beide, 60 groß, 61 beide, 62 beide, 63 beide, 64 beide, 65 beide, 66 beide, 67 beide, 68 beide, 69 beide, 70 rechts, 71 beide, 72 beide, 73 beide, 74 beide, 75 beide, 76 beide, 77 klein, 78 beide, 79 beide, 80 links, 81 beide, 82 beide, 83 beide, 84 beide, 85 beide, 86 beide, 87 groß, 88 beide, 89 beide, 90 beide, 91 beide, 92 beide, 94 beide, 95 beide, 96 beide, 97 beide, 98 beide, 99 beide, 100 beide, 101 beide, 102 beide, 103 beide, 104 beide, 105 beide, 106 beide, 107 beide, 108 beide, 109 beide, 110 beide, 111 beide, 112 beide, 113 beide, 114 (3), 115 beide, 116 beide, 117 beide, 118 beide, 119 beide, 120 beide, 121 beide, 122 beide, 123 beide, 124 beide, 125 beide, 126 beide, 127 beide, 128 beide, 129 beide, Umschlagklappe hinten innen rechts oben (2).

Illustrationen: **shutterstock** (6): Umschlagklappe vorne innen links und rechts oben, 4o, 5); **Stefanie Wawer** (6): Umschlagklappe vorne innen rechts unten, 2, 3, 4u und **Wolfgang Lang** (15): 136, Umschlagklappen hinten innen.

# Impressum

Umschlaggestaltung: Claudia Eder, Schönburg, unter Verwendung eines Farbfotos von shutterstock (© MVolodymyr). Das Bild zeigt eine Stieleiche.

Die Fotos auf der Umschlagklappe vorne außen und hinten innen sowie das Foto auf der Umschlagklappe vorne innen links stammen aus dem Innenteil.

Mit 243 Farbfotos und 27 Illustrationen.

Unser gesamtes lieferbares Programm finden Sie unter **kosmos.de**. Über Neuigkeiten informieren Sie regelmäßig unsere Newsletter, einfach anmelden unter **kosmos.de/newsletter**.

DER NATURFÜHRER No.1*

* Quelle: Media Control MC Metis, DACH, FY 2025, WG 42-Natur, Umsatz

FSC www.fsc.org MIX Papier | Fördert gute Waldnutzung FSC® C110508

Gedruckt auf chlorfrei gebleichtem Papier


Pfizerstraße 5–7, 70184 Stuttgart
kosmos.de/servicecenter

ISBN 978-3-440-18555-1
Projektleitung: Claudia Salata
Redaktion und Satz: Barbara Kiesewetter Redaktionsbüro, München
Produktion: Markus Schärtlein
Gestaltungskonzept: GRAMISCI Editorial Design (Claudia Geffert), München
Druck und Bindung: Westermann-Druck, Zwickau
Printed in Germany / Imprimé en Allemagne

# Welche Blattformen gibt es bei Bäumen?

Die Form der Blätter ist im Pflanzenreich sehr vielgestaltig. Dabei entwickeln Bäume oft ganz typische Blattformen, die beim Erkennen der Art helfen. Einige Beispiele:

**eiförmig**
(Rot-Buche, S. 20)

**rundlich**
(Zitter-Pappel, S. 64)

**lanzettlich**
(Sanddorn, S. 34)

**herzförmig**
(Sommer-Linde, S. 62)

**rautenförmig**
(Hänge-Birke, S 54)